视频讲解版

跟卢子一起学 Excel
早做完，不加班

陈锡卢◎著

U0238050

中国水利水电出版社
www.waterpub.com.cn

·北京·

内 容 简 介

这是一本教你快乐运用和享受Excel的书。跟着书中的卢子前行，你不但能解决工作上的难题，提高工作效率，提升展现能力，还能让Excel成为你生活中的好"助手"，增加工作中的乐趣。

本书共分为9章，为读者展示了在Excel中运用函数与公式解决疑难问题的实战技能，包括函数与公式的基础理论与操作技能、各类函数的实际应用。这本书可以学到卢子十年经验的60%～70%。学完能够对工作应付自如，并且还有能力帮助其他人完成工作。

情景式的讲解，犹如与卢子直接对话，可以在轻松、愉悦中提升自己的Excel技能，最终让Excel成为你享受生活的一种工具。

本书操作版本为Microsoft Office 2013/2016，能够有效帮助职场新人提升职场竞争力，也能帮助财务、品质分析、人力资源管理等人员解决实际问题。

图书在版编目（CIP）数据

跟卢子一起学 Excel：早做完，不加班 / 陈锡卢著 . -- 北京：中国水利水电出版社，2017.10（2020.5 重印）

ISBN 978-7-5170-5808-3

Ⅰ.①跟…　Ⅱ.①陈…　Ⅲ.①表处理软件　Ⅳ. ①TP391.13

中国版本图书馆CIP数据核字（2017）第221633号

书　　名	跟卢子一起学Excel 早做完，不加班 GEN LUZI YIQI XUE Excel ZAO ZUOWAN,BU JIABAN
作　　者	陈锡卢 著
出版发行	中国水利水电出版社 （北京市海淀区玉渊潭南路1号D座　100038） 网址：www.waterpub.com.cn E-mail: zhiboshangshu@163.com 电话：（010）62572966-2205/2266/2201（营销中心）
经　　售	北京科水图书销售中心（零售） 电话：（010）88383994、63202643、68545874 全国各地新华书店和相关出版物销售网点
排　　版	北京智博尚书文化传媒有限公司
印　　刷	北京天颖印刷有限公司
规　　格	180mm×210mm　24开本　15印张　475千字
版　　次	2017年10月第1版　2020年5月第8次印刷
印　　数	43001—48000册
定　　价	49.80元

前言

　　搜索了很多有关Excel的知识，刷了朋友圈、微博，也买过不少所谓的大全书，还是没学好Excel，工作效率低。别人数据处理、图表展示、透视分析分分钟搞定，而你每天熬夜加班做报表！

　　工作3年这么简单的Excel你还不会。
　　工作5年也没人会主动告诉你学好Excel的方法。

　　想改变现状，真正系统学好Excel，成为报表达人。哪里有课呢？线下太贵，线上忽悠太多。

　　现在好了，如果你想速成Excel职场技能应用，摆脱所谓无休止的加班，建议加入我们的"Excel 100天学习计划"，由卢子每天陪大家一起成长。

　　卢子这家伙是谁，没听过哦？

　　打开京东APP，搜索关键词：Excel，综合排名前几名那个"Excel不加班"就是他写的。这家伙，除了Excel好，没啥特长！

这 100 天内能学到卢子十年经验的 60% ～ 70%。
学完能够对工作应付自如，并且还有能力帮助其他人完成工作。

　　不管你在工作上或者学习上有任何疑问，都可以在QQ交流群478969634内提出，卢子会尽力帮你解决，群内已经汇聚了不少Excel高手进行协助。

　　在这里我们帮你监督学习，批改作业，我们把职场的实用技巧快速传授给你。技巧、函数、数据透视表和图表一个都不能少。让Excel不再是你的痛点，反而是职场的亮点！

　　参与本书编写工作的有李应钦、赖建明、刘苇、刘明明、邓丹、邓海南、刘宋连、陆超男、邱显标、吴丽娜、郑佩娴、郑晓芬、周斌、黄海剑、刘榕根，在此向他们表示由衷的感谢。因为能力有限，书中难免存在疏漏与不足之处，敬请读者朋友批评指正。本书微信公众号：Excel不加班。欢迎加入，一起成长。

来自读者真实的声音

我是个"60后"读者，从事财务管理工作，偶然的机会接触了卢子的微信公众号"Excel不加班"，继而看卢子的书，感觉书的内容深入浅出，务实，而不是一味炫技，切中实际工作问题点，实用，可以作工具书，感觉很好。

——大陆

认识卢神的人都知道"七龙珠"之说，购书之前卢神总会告诉你不用都买，因为他从来不是以卖书盈利为目的，旨在坚持原创，传授技艺。丛书从基础开始传授技能，层层深入，举一反三，实用性强，是非常好的Excel技能类丛书。

——布谷鸟

以前我不太理解"手不释卷"的意思，看了卢子老师的书以后，我终于理解了，那种感觉真爽。刚看第1章的时候，就被书的内容深深吸引住了，我似乎找到了以前读武侠小说的感觉。卢子老师的书语言幽默有趣，内容贴近实战，讲解深入浅出，让我百读不厌，读后久久不能忘怀……

——清风徐来

在我最想学习Excel的时候，发现了"Excel不加班"微信公众号，连续关注了半个月，受益匪浅，继而买了卢子老师出版的所有Excel书籍。其内容采用对话式的讲解模式，再现工作场景，深入浅出，化繁为简，让我能够轻松学习，快速实现不加班。

——淡语嫣然

无论什么时候学习都不晚，只要愿意花时间去学都可以学好。在一次偶然的机会我关注了卢子老师的微信公众号并且买了书，用一个半月时间把书看了一遍。我每天都会看公众号的文章，公众号文章写得很用心，一个小问题就可以写一篇。另外，卢子老师还特意自己花钱在公众号上加了一个小的号内搜功能，目的只是想帮助更多的人学好Excel，让更多的人成为Excel的专家！付出不求回报，解答问题永远都是那么热情！这就是卢子老师。我接下来还会继续学习Excel，跟着卢子老师学习Excel不会错！

——sky@beyond

豪不夸张地说，卢子老师的书是我看过的最深入浅出、最实用的丛书，就是用最简单的方式诠释最实用、最疑难的知识。

——冯宏宇

书中以案例引出问题，并不似理论类书籍，读起来不会感到乏味，更何况是以解决问题为目的的。全书脉络清晰、循序渐进、由浅入深，结合技巧、函数、透视表等多模块讲解，让你多角度考虑问题。书中以卢子为第一人称，代入感强，此外书中还渗透着卢子长达10年的工作经验总结，值得拜读。

——郭大侠

书读一遍，拨云见日，读两遍，豁然开朗，读三遍，妙笔生花，读四遍，趣味横生。书读百遍，其义自见。手底下见真章，相信作者，是小白的福音，大神的赞誉。

——Life is a little worth

学Excel前觉得难，很怕学，但看了卢子老师的书之后，一步步跟着案例走，慢慢就上手了，感觉他写的书都很浅显易懂，赞一个。

——技术控

我是个"小白"，市场上Excel的书有许多，但唯独卢子老师的书能让我有学下去的兴趣。在跟随卢子老师学习的过程中，我觉得不仅仅是我的技能得到了提升，更多的是提升了我对人生的感悟。因为他10年专注如一做事的精神告诉我们，做任何事，只要专注与坚持，就能做到极致！

——^O^

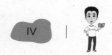

卢子老师的书里有函数公式、快捷键、数据透视表等Excel的各种好用功能的使用方法……简单又实用，对工作有帮助，能提高工作效率，很多原本要很久才能处理好的数据，用了函数和透视表后，一下子就搞定了！这是一本很不错的书，图文并茂，比普通的教科书容易学得多！要是以前学校里学习的书都是这样的就好了！

——优悦生活 小雯

图书是彩色的，增加了阅读的兴趣，对于我这种不喜欢看书的人来说，也很容易就看进去了，而且里面介绍的方法不像那些专业的图书，让人看不懂。这套书籍给我的感觉是适用，用最简单的方法教会我们怎样在工作中使用Excel的各种功能，这些功能又都是我们平常工作中很常见的，所以对我来说，这套书籍非常适用，完全不浪费钱。

——佑佑

在工作实务中遇到的问题都能在卢子老师的书中找到解答，强力推荐阅读，可读性非常强，是工作当中的好帮手、好伙伴、好老师！

——Lisa

阅读卢子老师写的书让我大开眼界，作者技能超牛，写作自由挥洒，行文流畅，语言幽默风趣、雅致美妙，这里Excel函数独领风骚，那里Excel技巧一枝独秀，时而呈现透视表的完美，时而呈现图表的朦胧。身在江湖，说不出派系，或许男神你自成一派。欲赞美，已无词。

——芦苇

Excel不加班
扫一扫二维码，加入该群。

目 录
CONTENTS

第 3 章　强烈推荐使用的Excel 2016神技·················91

第 4 章　让老板5秒钟看懂你的表格·····················125

第 1 章
7 天养成一个好习惯

十年的积累，卢子已不再是当初的菜鸟，而是逐步成为别人眼中的"大神"。这不，卢子就收了一个勤奋好学的学生——木木。要如何教木木呢？这真是一件令人头痛的事！

木木稍微会一点 Excel，但都只是停留在最基础层面的认知，能够完成一部分工作，但仍需请教别人。为了能让木木全面学习，卢子采用了边教边练习的形式，逐步学习 Excel 的各种应用。

Excel 的第一应用：数据存储。先让木木了解到如何储存数据有助于将来处理数据，然后设置一些小障碍，不规范的数据源会让你吃大亏。只有这样才能记得牢，要不以后会继续犯这种低级的错误！

养成一个好习惯不是两三天就可以的，而是长期坚持的结果，最快也要 7 天才可以养成一个好习惯。这里先不说什么是好习惯，而是从它的对立面坏习惯说起。在 Excel 中有哪些习惯是不好的呢？了解这些反面教材，我们引以为戒，从今以后不犯这些低级错误。不犯错，就是最好的习惯。

跟卢子一起学 Excel
早做完，不加班

Day 1 拒绝合并单元格

扫一扫 看视频

卢子：Excel 中有这么一个功能叫"合并后居中"，很多人经常使用这个功能。木木，你是不是也经常使用？

木木：对啊，这么好用的功能干嘛不用？如图 1-1 所示，表格使用这个功能看起来好看多了！

品类	产地	数量	占比	E
苹果	山东	1	17%	
	日本	2	33%	
	美国	3	50%	
梨子	本地	4	18%	
	日本	5	23%	
	广西	6	27%	
	云南	7	32%	
桃子	广西	8	47%	
	云南	9	53%	
西瓜	新疆	10	13%	
	本地	11	15%	
	云南	12	16%	
	广西	13	17%	
	四川	14	19%	
	贵州	15	20%	

图 1-1　使用合并单元格的效果

卢子：确实挺好看的，不错，赞一个。但是，你试过对合并后的单元格进行筛选吗？比如筛选品类为梨子的所有对应值。

木木：这个还真没有，我试试看。如图 1-2 所示，居然只显示第一个对应值，怎么回事呢？

品类	产地	数量	占比	E
梨子	本地	4	18%	

图 1-2　只显示第一个对应值

卢子：这种合并居中显示适合在纸中记录，而我们现在使用的是 Excel。传统手工这样输入我们能够自己识别，而在 Excel 中却识别不出来。我们不能用传统的思维来制作表格。如图 1-3 所示，选择梨子这个单元格，单击“合并后居中”按钮。因为已经合并单元格了，再单击“合并后居中”按钮就相当于取消合并单元格。

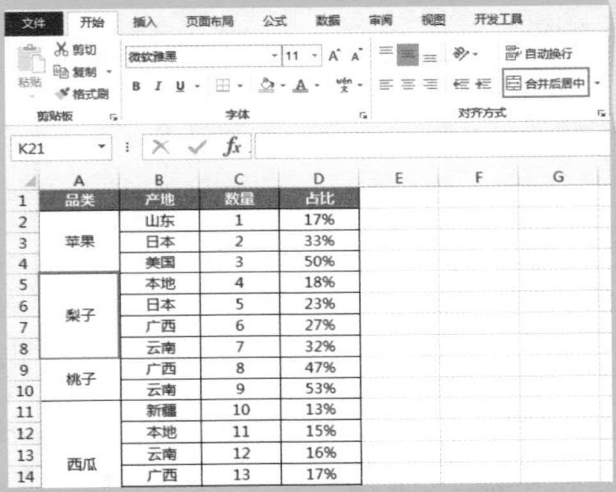

	A	B	C	D
1	品类	产地	数量	占比
2	苹果	山东	1	17%
3		日本	2	33%
4		美国	3	50%
5	梨子	本地	4	18%
6		日本	5	23%
7		广西	6	27%
8		云南	7	32%
9	桃子	广西	8	47%
10		云南	9	53%
11	西瓜	新疆	10	13%
12		本地	11	15%
13		云南	12	16%
14		广西	13	17%

图 1-3　取消合并单元格操作

如图 1-4 所示，取消合并单元格后，（相同品类下）只有第一个单元格有值，其他都是空白的。也就是说在进行筛选操作的时候，实际上只能识别第一个单元格为符合条件的，而其他都不满足，所以筛选不到。

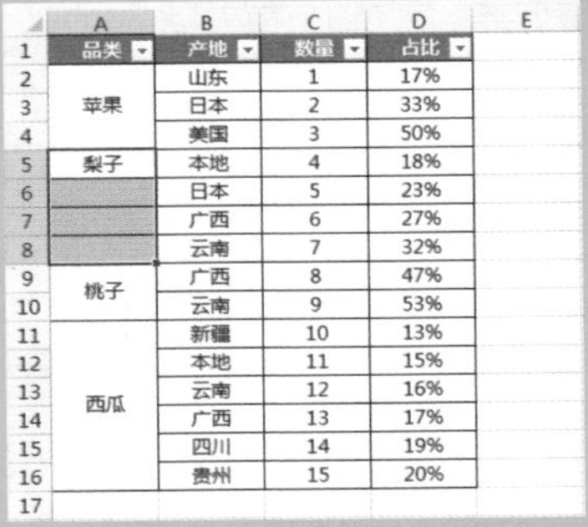

	A	B	C	D
1	品类	产地	数量	占比
2	苹果	山东	1	17%
3		日本	2	33%
4		美国	3	50%
5	梨子	本地	4	18%
6		日本	5	23%
7		广西	6	27%
8		云南	7	32%
9	桃子	广西	8	47%
10		云南	9	53%
11	西瓜	新疆	10	13%
12		本地	11	15%
13		云南	12	16%
14		广西	13	17%
15		四川	14	19%
16		贵州	15	20%
17				

图 1-4　取消合并单元格后效果

❓ 木木：原来是这样啊。

📖 卢子：如果后期要对数据进行处理，建议还是尽量不使用合并单元格，这样能避免一些不必要的麻烦。现在给你布置一道作业题，如何实现筛选所有符合梨子的对应项目？

❓ 木木：感觉好难的样子，回去我好好考虑。

⧗ •••• 不到半个小时，木木就做出来了，让卢子很惊讶！

📖 卢子：木木，你好棒啊，这么难的问题，你居然会了。

❓ 木木：偷偷地告诉你，我是上网搜到的，自己不会做。

📖 卢子：善于借助搜索引擎，是一个很好的习惯，现在是网络时代，要利用好身边的一切资源。那你说一下具体怎么操作吧。

❓ 木木：这个操作步骤实在太高大上，容我一步步道来。

Step 01　如图 1-5 所示，选择区域 A2:A16，单击"合并后居中"按钮，也就是先取消合并单元格。

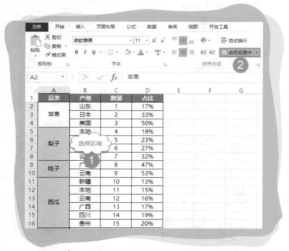

✏️ 图 1-5　选择区域取消合并单元格

Step 02　如图 1-6 所示，按 F5 键（Ctrl + G）调出"定位"对话框，单击"定位条件"按钮。

Step 03 如图 1-7 所示，选择"空值"单选项，单击"确定"按钮。

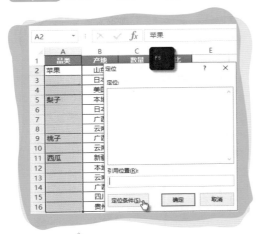

图 1-6　调出定位对话框

图 1-7　定位空值

Step 04 如图 1-8 所示，输入公式 = 上一单元格，即 =A2。

Step 05 关键一步，不能直接按 Enter 键，否则就前功尽弃了。看清楚了，如图 1-9 所示，
按快捷键 Ctrl+Enter 结束，瞬间就将所有内容填充完毕。

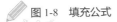

图 1-8　填充公式

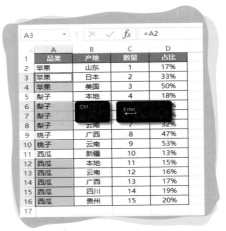

图 1-9　填充公式操作

现在要筛选什么品类，直接筛选就行，非常方便。

卢子：现学现用，好厉害。

木木：不过我不知道这里为什么要输入 =A2，原理是什么呢？只是糊里糊涂跟着操作。

卢子：这里涉及以下两个知识点。

（1）相对引用的作用：在 A3 输入 =A2，在 A4 就自动变成 =A3，在 A6 就自动变成 =A5，也就是说不管到哪一个单元格，始终等于上一个单元格的值。这个在后面函数部分我会跟你详细解释。

（2）定位空值的作用：只是填充没有值的单元格，而有值的单元格就始终保持不变。

木木：这下明白了，既懂了方法又懂原理。

知识扩展：

填充合并单元格的内容后，区域中是包含有公式的，如果能够将公式变成值的形式会更好。选择区域 A2:A16 复制，单击鼠标右键选择粘贴成值，也就是"123"，如图 1-10 所示，将公式复制粘贴成值。

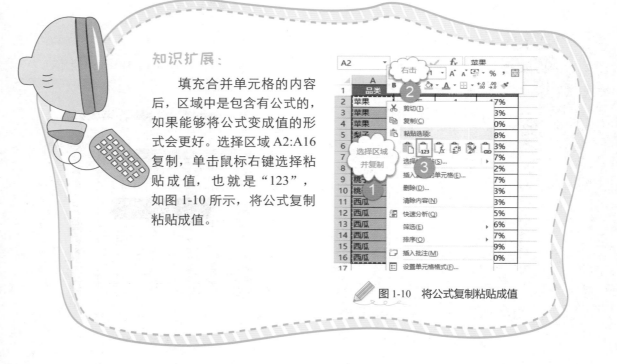

图 1-10　将公式复制粘贴成值

课后练习

如图 1-11 所示，正常情况下我们都是需要合并单元格才能居中，如何在不合并单元格的情况下实现居中呢？

	A	B	C	D
1	销售明细表			
2				
3	品类	产地	数量	占比
4	苹果	山东	1	17%
5	苹果	日本	2	33%
6	苹果	美国	3	50%
7	梨子	本地	4	18%
8	梨子	日本	5	23%
9	梨子	广西	6	27%
10	梨子	云南	7	32%
11	桃子	广西	8	47%
12	桃子	云南	9	53%

图 1-11　不使用合并单元格的居中

Day2　名词缩写带来的麻烦

扫一扫 看视频

卢子：如图 1-12 所示，这是两个会计论坛的每天发帖明细表，有的时候为了偷懒，我们会将会计科普论坛写成会计网，将会计视野论坛写成视野。木木，你是不是经常这样简写？

	A	B	C	D
1	日期	论坛	发帖数	
2	1月30日	会计科普论坛	2430	
3	1月31日	会计网	2039	
4	2月1日	会计网	2776	
5	2月1日	会计视野论坛	1691	
6	2月2日	视野	1700	
7				

图 1-12　使用简写

❓ 木木：你怎么知道？这样每天少写很多字，多好。

💡 卢子：这样说也合情合理，能偷懒的情况下，谁不想偷懒？一向以懒人著称的我，很多时候连写都不想写，直接复制粘贴上去。如果现在让你分别统计两个论坛的发帖数，你有什么办法统计吗？

❓ 木木：就这几天的发帖数，我敲几下计算器就搞定了，不发愁！

💡 卢子：如果现在的数据是 10000 行呢？你是不是准备敲到明天？

❓ 木木：是啊。

💡 卢子：说句实话，这些我曾经也干过，就是因为当初不够懒，说多了都是泪。当一个人懒到了极点，必然会想办法让自己效率更高，让自己更加轻松。

❓ 木木：那现在是不是有更好的解决办法？

💡 卢子：因为名词进行缩写，所以不能直接汇总。但我们可以制作一个下拉菜单，通过下拉菜单选择论坛，这样可以实现快速输入，同时保证一致性。名词统一后，就可以借助数据透视表轻松实现汇总。

Step 01 将论坛的全名输入在 E 列，如图 1-13 所示。

	A	B	C	D	E	F
1	日期	论坛	发帖数		论坛	
2	1月30日	会计科普论坛	2430		会计科普论坛	
3	1月31日	会计网	2039		会计视野论坛	
4	2月1日	会计网	2776			
5	2月1日	会计视野论坛	1691			
6	2月2日	视野	1700			
7						

图 1-13 输入论坛全名

Step 02 如图 1-14 所示，选择区域 B2:B17，切换到"数据"选项卡，单击"数据验证"图标。在"允许"的下拉列表框中选择"序列"选项，在"来源"文本框引用 =$E$2:$E$3（E 列的区域，直接用鼠标选择即可），最后单击"确定"按钮。

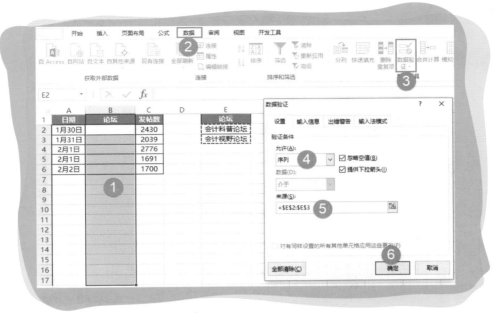

图 1-14　设置下拉列表

Step 03　如图 1-15 所示，现在要选择论坛名，只需通过下拉菜单进行选择即可，方便快捷。

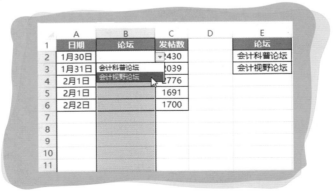

图 1-15　下拉菜单示意图

木木：这样确实方便很多，以后再也不用手工输入。

卢子：这里再简单介绍如何用数据透视表汇总每个论坛的发帖数。

Step 01 如图 1-16 所示，单击数据源任何单元格，比如 A1，切换到"插入"选项卡，单击"数据透视表"图标，默认情况下会自动帮你选择好区域，保持默认不变，单击"确定"按钮。

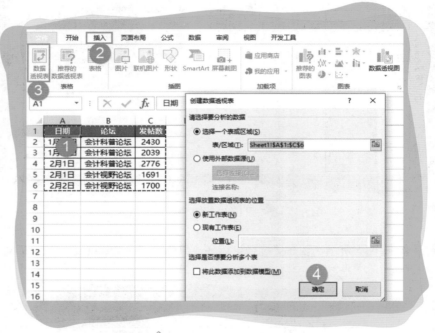

图 1-16 创建数据透视表

Step 02 如图 1-17 所示，弹出"数据透视表字段"对话框，只需同时勾选论坛跟发帖数，就可以快速统计每个论坛的发帖数，不到 1 分钟时间就完成别人 1 天的工作量。

木木：哇！这个功能好强大。

卢子：数据透视表是 Excel 最强大的功能，等你熟练了基本操作以后再教你更全面的用法。

图 1-17　勾选字段

知识扩展：

在设置下拉菜单的时候，来源采用引用单元格区域，这样就造成多余了一列。其实来源也可以直接手写，然后用英文状态的逗号隔开，如图 1-18 所示。

图 1-18　直接写来源

设置了下拉菜单，如果你用手工输入的话，输入名词缩写，会提示警告对话框，不让你输入，如图 1-19 所示。

图 1-19　警告对话框

虽然不让输入其他值，但对于以前已经输入的值是无效的。以前输入的缩写可以先用"圈释无效数据"这个功能将这些圈释出来，再重新更改成标准的，如图 1-20所示。

图 1-20　圈释无效数据

课后练习

如图 1-21 所示，论坛不在同一个工作表的情况下，如何制作一级下拉菜单？

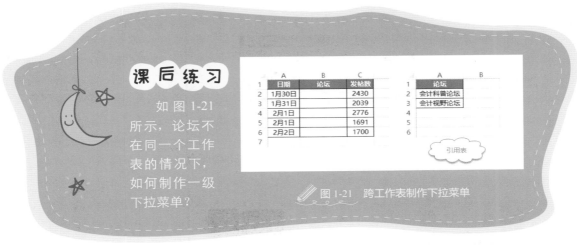

图 1-21 跨工作表制作下拉菜单

 Day3 统一日期格式

扫一扫 看视频

 卢子：中国文化博大精深，光表示日期就有一大堆方法，2015 年 1 月 30 日、2015-1-30、2015/1/30、2015.1.30、20150130……

⌛ ●●●● 木木，你平常喜欢用哪一种形式的日期呢？

木木：我比较喜欢用 2015-1-30 这种形式的日期。

卢子：原来木木一直保持着良好的习惯，都输入规范的日期。如图 1-22 所示，如果是标准日期跟不标准日期混合在一起，你如何将 2.1 这种不标准的形式转换成标准形式呢？

木木：这个我会。如图 1-23 所示，选择 A 列，按快捷键 Ctrl+H，调出"查找和替换"对话框，将 . 替换成 -，单击"全部替换"按钮即可。

如图 1-24 所示，一下就转变成标准日期了。

图 1-22　标准日期跟不标准日期的混合

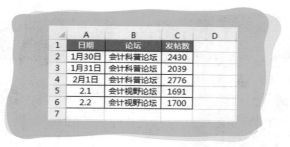

图 1-23　替换

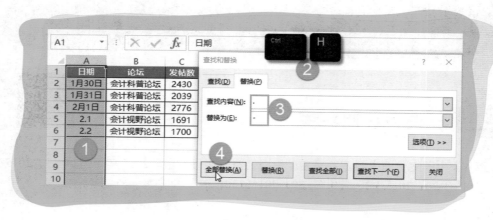

图 1-24　替换后效果

卢子：看来以后不能小看木木了，"查找和替换"功能掌握得挺好的。其实除了替换，还可以用分列完成。跟替换功能比较起来，会显得麻烦一点，不过这里作为另外一种方法，参考一下。

Step 01　如图1-25所示，选择区域A2:A6，切换到"数据"选项卡，单击"分列"图标，保持默认不变，连续2次单击"下一步"按钮。

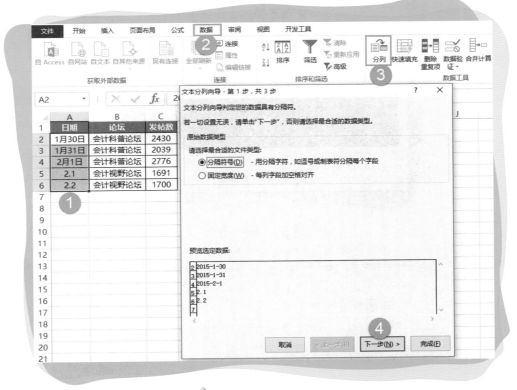

图1-25　文本分列第1步

Step 02　如图1-26所示，选择"日期"格式，单击"完成"按钮，就可以转换成标准日期。

木木：你多教一种方法，我就多学习一种，赚到了。

图 1-26　文本分列第 2 步

知识扩展：

　　分列是一个很强大的功能，可以将数值跟文本格式互相转换、按分隔符分列、按固定字符分列等。

1. 按分隔符（*）分列

　　如图 1-27 所示，尺寸的数据都是用 * 隔开，有没有方法提取长、宽？

Step 01 如图 1-28 所示，选择单元格 A2:A10，切换到"数据"选项卡，单击"分列"按钮，弹出的"文本分列向导"对话框保持默认不变，单击"下一步"按钮。

图 1-27　提取长、宽

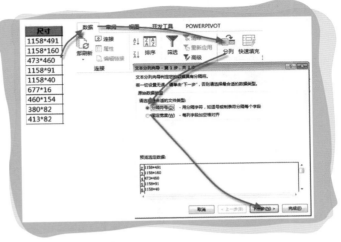

图 1-28　文本分列第 1 步

Step 02 如图 1-29 所示，"分隔符号"在其他文本框输入 *，单击"下一步"按钮。

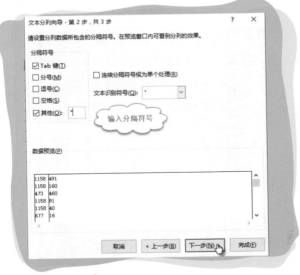

图 1-29　文本分列第 2 步

Step 03 如图 1-30 所示，目标区域为 B2 单元格，单击"完成"按钮。

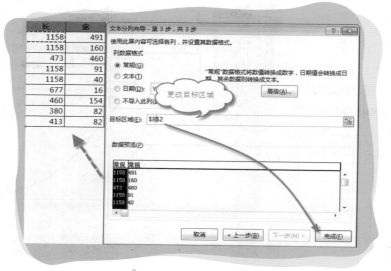

图 1-30　文本分列第 3 步

2. 按固定字符将姓名分离

如图 1-31 所示，怎么将姓名分成姓跟名，并显示在两列呢？

图 1-31　姓名清单

Step 01 选择单元格 A2:A12，将姓名复制到 B 列。

Step 02 单击"数据"选项卡→"分列"按钮，在弹出的"文本分列向导"对话框，选择 "固定宽度"，单击"下一步"按钮。

Step 03 用鼠标左键单击第一个汉字处，单击"确定"按钮。

姓名就完成分列，如图 1-32 所示。

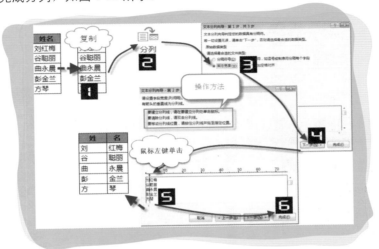

图 1-32　按固定字符分列

课后练习

如图 1-33 所示，如何从身份证中将出生日期分离出来？

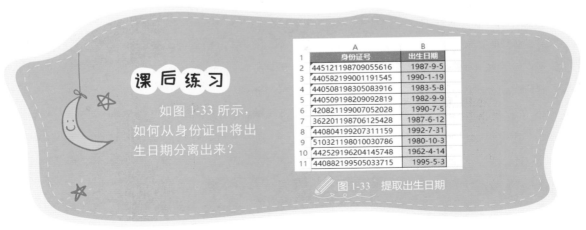

	A	B
1	身份证号	出生日期
2	445121198709055616	1987-9-5
3	440582199001191545	1990-1-19
4	440508198305083916	1983-5-8
5	440509198209092819	1982-9-9
6	420821199007052028	1990-7-5
7	362201198706125428	1987-6-12
8	440804199207311159	1992-7-31
9	510321198010030786	1980-10-3
10	442529196204145748	1962-4-14
11	440882199505033715	1995-5-3

图 1-33　提取出生日期

扫一扫 看视频

Day4 数据与单位分离

🧑 卢子：如图 1-34 所示，这是 Excel 效率手册销售明细表，在记录的时候为了让别人看清单位，所以在最后面添加一个"本"字。木木，你见过这种吗？

❓ 木木：当然见过啦，我们做财务的，很多时候都是这样，在金额后面添加单位元，比如 2000 元这种。

🧑 卢子：这种看起来虽然没什么问题，但实际上却是个大问题。这种数据是不能直接求和的，你可以试试？

❓ 木木：我试试看。

Step 01 如图 1-35 所示，将鼠标光标放在 B7 这个单元格，单击"自动求和"图标。

图 1-34 数量包含单位

图 1-35 自动求和

Step 02 如图 1-36 所示，用鼠标选择求和区域 B2:B6。

Step 03 如图 1-37 所示，按 Enter 键后，总数量为 0。

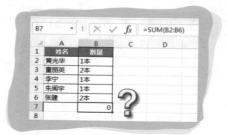

图 1-36 选取区域

图 1-37 数据不能求和

木木：还真是这样，这是怎么回事？

卢子：添加了单位的数字，就不叫数字了，叫文本。文本是不能求和的，直接按"0"处理。也就是说数字跟单位要分离才可以，这个分离木木应该很熟练吧，你来操作一遍。

木木：好啊。

如图 1-38 所示，借助快捷键 Ctrl+H 调出"查找和替换"对话框，将"本"替换成"空"（也就是什么内容都不用写），单击"全部替换"按钮。

图 1-38 替换本字

如图 1-39 所示，将单位替换掉，就乖乖自动求和了。

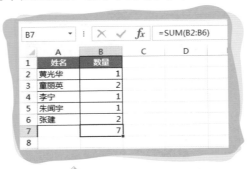

图 1-39 数量可以求和

卢子： 如图 1-40 所示，一格一属性，不同东西的不要放在同一个单元格。单位都统
一的话，可以直接放在表头。

如图 1-41 所示，单位不统一的话，可以添加一列单独放置。

	A	B	C
1	姓名	数量（本）	
2	黄光华	1	
3	童丽英	2	
4	李宁	1	
5	朱闻宇	1	
6	张建	2	
7			

图 1-40　一格一属性 1

	A	B	C	D
1	姓名	数量	单位	
2	黄光华	1	本	
3	童丽英	2	本	
4	李宁	1	本	
5	朱闻宇	1	本	
6	京东	2	千本	
7	当当	3	千本	
8				

图 1-41　一格一属性 2

小小的改变，却能给统计带来极大的便利。

知识扩展：

如果一定要显示单位"本"，可以通过自定义单元格格式来实现。自
定义单元格格式不会改变单元格本身的性质，只是欺骗我们的眼睛而已。

如图 1-42 所示，选择区域 B2:B6，按快捷键 Ctrl+1 调出"设置单
元格格式"对话框，选择"自定义"选项，输入类型为 0" 本 "，单击"确
定"按钮。

自定义单元
格格式后，虽然
单元格多了一个
"本"字，但照
样可以求和。

图 1-42　自定义单元格格式

课后练习

如图 1-43 所示，输入数字的时候，自动显示包装 N 部。

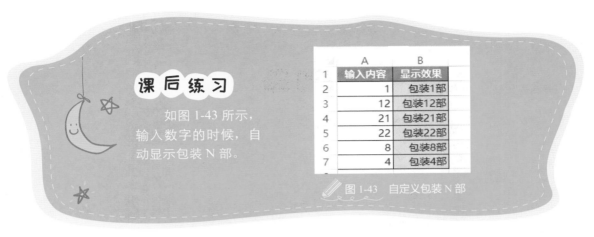

	A	B
1	输入内容	显示效果
2	1	包装1部
3	12	包装12部
4	21	包装21部
5	22	包装22部
6	8	包装8部
7	4	包装4部

图 1-43　自定义包装 N 部

Day5　不使用无意义的空格

扫一扫 看视频

卢子：如图 1-44 所示，这是对刚才那份 Excel 效率手册的销售明细表改进后的效果，在姓名栏里，我们需要将姓名对齐。很多人都是用输入空格的方法让姓名对齐的，木木，你是否也是这样做的？

	A	B	C
1	姓名	数量（本）	
2	黄光华	1	
3	童丽英	2	
4	李　宁	1	
5	朱闻宇	1	
6	张　建	2	
7			

图 1-44　输入多余的空格

木木：是啊，你怎么知道的，我以前经常这样做。难道有其他方法吗？

卢子：方法还真有一个，将对齐方式设置为分散对齐即可。

Step 01 如图 1-45 所示，借助快捷键 Ctrl+H，调出"查找和替换"对话框，查找内容输入一个空格，替换为文本框不输入任何字符，单击"全部替换"按钮。

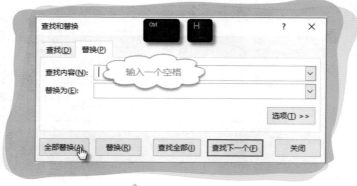

图 1-45 替换掉空格

Step 02 如图 1-46 所示，选择 A2:A6 区域，单击"对齐方式"选项进行设置，在"水平对齐"下拉列表选择"分散对齐"，单击"确定"按钮。

图 1-46 设置分散对齐

如图 1-47 所示，设置完成后，姓名就自动对齐。

	A	B	C
1	姓名	数量（本）	
2	黄 光 华	1	
3	童 丽 英	2	
4	李 宁	1	
5	朱 闻 宇	1	
6	张 建	2	
7			

图 1-47 分散对齐效果

这样设置可以不用录入空格，大大提高了效率，同时也避免了空格录入多一个或者少一个的情况。

木木：这方法好棒，学习了。

知识扩展：

如图 1-48 所示，用手工添加空格的方法有时难免会多添加一个空格或少添加一个空格，这样会被 Excel 认为是不同姓名，导致统计出错。

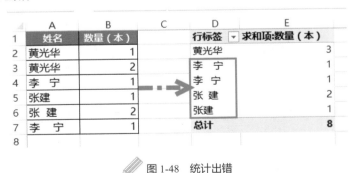

图 1-48 统计出错

课后练习

如图 1-49 所示，为了使金额显示得更美观，进行了缩进处理。除了敲空格，你知道该如何操作吗？

	A	B	C
1	年份	金额	效果
2	2014年	63,076.50	63,076.50
3	2015年	98,039.50	98,039.50
4	2016年	111,492.00	111,492.00
5	2017年	24,186.00	24,186.00
6			

图 1-49 金额缩进

 Day6 保护工作表中的公式不被修改

扫一扫 看视频

卢子：如图 1-50 所示，这是一份员工信息表，如果要发送给别人，但里面的黄色填充部分设置了公式不想让别人修改。木木，如果是你，你会怎么做呢？

	A	B	C	D	E
1	姓名	身份证	出生日期	周岁	
2	秦建功	431381198703102276	1987-03-10	27	
3	乐弘文	431381197204199750	1972-04-19	42	
4	史俊哲	360829197304203537	1973-04-20	41	
5	奚圣杰	360829198501265395	1985-01-26	30	
6	郝清怡	360829198009191873	1980-09-19	34	
7	伍怡悦	360829197309115173	1973-09-11	41	
8	元泽民	360829197801181711	1978-01-18	37	
9	水开弄	360829198608121711	1986-08-12	28	
10	元嘉懿	360829197002105333	1970-02-10	44	
11	余高卓	360829197009284274	1970-09-28	44	
12	方熙运	360829198406234312	1984-06-23	30	
13	廉俊豪	360829197705237199	1977-05-23	37	
14	姜越泽	360829197107267099	1971-07-26	43	
15					

图 1-50 员工信息表

木木：直接跟他们说，这里有公式，不能修改，否则会出错啦！

卢子：靠人为提醒始终不是办法，如果要发送的人多，不可能全部提醒，即使提醒了别人也不一定会记住。

木木：那还能怎么办？

卢子：其实 Excel 中有一个功能是保护工作表，也就相当于给工作表加一把锁，要打开这把锁必须有钥匙才行，而这把钥匙就是密码。这个密码只有你才有，别人没有。通过保护，别人想改也改不了。

木木：居然有这么神奇的功能，我现在就想看看具体是如何操作的？

卢子：这个操作步骤比前面的那些功能稍微繁琐一点，我一步步说给你听。

Step 01　如图 1-51 所示，单击"全选"按钮，按快捷键 Ctrl+1 调出"设置单元格格式"对话框，切换到"保护"选项卡，取消勾选"锁定"和"隐藏"前面的复选框，单击"确定"按钮。

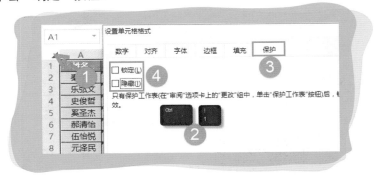

图 1-51　取消锁定

Step 02　如图 1-52 所示，选择区域 C2:D14，按快捷键 Ctrl+1 调出"设置单元格格式"对话框，切换到"保护"选项卡，勾选"锁定"和"隐藏"前面的复选框，单击"确定"按钮。

Step 03　如图 1-53 所示，切换到"审阅"选项卡，单击"保护工作表"图标，设置密码为 123456（设置自己能够记住的数字密码），单击"确定"按钮。

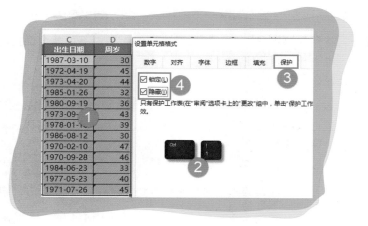

图 1-52 勾选"锁定"和"隐藏"复选框

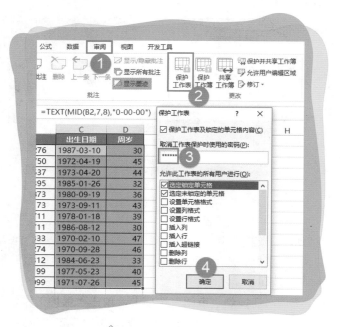

图 1-53 设置工作表保护

Step 04 如图 1-54 所示，再输入一遍密码，单击"确定"按钮。

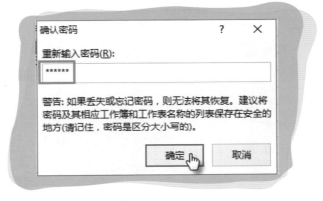

图 1-54　确认密码

大功告成，如图 1-55 所示，现在只要修改公式区域，就会自动警告，让你无法修改。

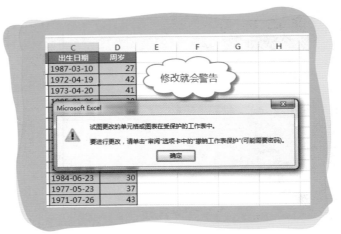

图 1-55　警告提示

木木：好像听懂了，不过我得回去熟练一下才行，不然记不住！

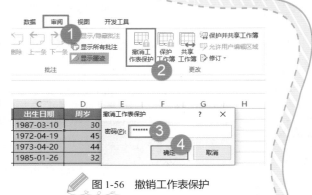

知识扩展：

如果以后自己要修改公式，可以撤销密码。如图 1-56 所示，单击"撤销工作表保护"图标，输入密码 123456 即可。

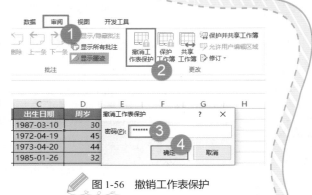

图 1-56 撤销工作表保护

课后练习

如图 1-57 所示，对表格进行保护后，除了可以进行图片编辑以外，其他功能都禁止使用。

图 1-57 保护后只能对图片进行处理

30

Day7　数据备份以及另存为 PDF 很重要

扫一扫 看视频

🔵 卢子：木木，最近 Excel 学得怎么样了？

🔵 木木：你教的那些我全部都会啦，哈哈。

🔵 卢子：其实这些都是细节问题，稍微提一下就会了。对了，平常你收到别人的 Excel 文档的时候，你是直接编辑还是？

🔵 木木：打开 Excel 后就直接编辑啊，难不成还要做什么处理？

🔵 卢子：对于一些不重要的表格，这样直接编辑没有问题。但对于一些表格模板或者重要的表格，最好事先备份，如图 1-58 所示，利用副本进行编辑，不要在原稿上进行修改，以免造成一些意想不到的麻烦。

✏️ 图 1-58　建立副本

🔵 木木：会有什么麻烦呢？

🔵 卢子：比如你现在对表格进行了一系列操作后，要想重新复原到最初的表格，基本上是办不到的。如果只是对副本操作，不管怎么操作，原来的文档都还在，如果以后需要最初的表格，你依然可以找到。

🔵 木木：你考虑的真周到，学习了。

知识扩展：

还有一种情况就是：报告做好了，一份留底，一份传给供应商。为了让报告不被修改，以前都是直接打印出来，然后将打印件传真给供应商。现在提倡绿色办公，节约用纸，如果传电子文档给供应商，有没有办法让别人无法修改电子文档的内容？

其实可以将 Excel 转换成 PDF，这样别人就不能轻易更改你的内容。如图 1-59 所示，文件"另存为"，选择储存位置，保存类型选择 PDF，单击"保存"按钮。

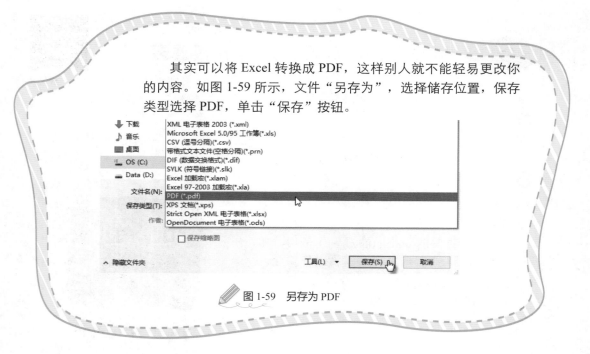

图 1-59　另存为 PDF

今日无练习，7 天的好习惯已经讲完，你有收获吗？

第2章
事半功倍的数据批量处理绝招

好习惯养成了，接下来就得学会快速录入数据，这样才能更好地提高工作效率。

跟卢子一起学 Excel
早做完，不加班

Day8 序列数字生成大法

扫一扫 看视频

卢子：木木，如图 2-1 所示，这里有一份客户的清单，需要逐个输入序号，你知道怎么做吗？

	A	B	C	D	E
1	序号	区域	省份	客户代码	
2	1	西南区	四川	086.05.17.0179	
3	2	华中区	四川	086.05.17.0183	
4	3	西南区	四川	086.05.17.0185	
5		西南区	四川	086.05.17.0196	
6		西南区	四川	086.05.17.0184	
7		西南区	四川	086.05.17.0282	
8		西南区	四川	086.05.17.0612	
9		西南区	四川	086.05.17.0279	
10		华北区	四川	086.05.17.0175	
11		西南区	四川	086.05.17.0255	
12		西南区	四川	086.05.17.0256	
13		西北区	四川	086.07.30.0043	
14		西南区	重庆	086.05.18.0004	
15		西南区	重庆	086.05.18.0038	
16					

图 2-1 客户清单

木木：这个我会，很容易。

如图 2-2 所示，在 A2 单元格中输入 1，鼠标指针放在 A2 单元格右下方，出现 "+" 字形后，按住 Ctrl 键，拖动鼠标指针下拉到 A15 就可以生成 1 ～ 14 的序号。

卢子：不错。鼠标下拉这种方式适合生成序号比较少的，而序号多的话用这种方式不太合适。如图 2-3 所示，这时可以将鼠标指针放在 A2 单元格右下方，出现 "+" 字形后，双击单元格，选择 "填充序列" 就可以自动填充序号。

木木：对哦，如果有 1 万个序号，要下拉好久，还是你的方法快捷。

	A	B	C	D
1	序号	区域	省份	客户代码
2	1	西南区	四川	086.05.17.0179
3		华	四川	086.05.17.0183
4		西南区	四川	086.05.17.0185
5		西南区	四川	086.05.17.0196
6		西南区	四川	086.05.17.0184
7		西南区	四川	086.05.17.0282
8		西南区	四川	086.05.17.0612
9		西南区	四川	086.05.17.0279
10		华北区	四川	086.05.17.0175
11		西南区	四川	086.05.17.0255
12		西南区	四川	086.05.17.0256
13		西北区	四川	086.07.30.0043
14		西南区	重庆	086.05.18.0004
15		西南区	重庆	086.05.18.0038

图 2-2　下拉生成序号

	A	B	C	D	E
1	序号	区域	省份	客户代码	
2	1	西		086.05.17.0179	
3	1	华		086.05.17.0183	
4	1	西南区	四川	086.05.17.0185	
5	1	西南区	四川	086.05.17.0196	
6	1	西南区	四川	086.05.17.0184	
7	1	西南区	四川	086.05.17.0282	
8	1	西南区	四川	086.05.17.0612	
9	1	西南区	四川	086.05.17.0279	
10	1	华北区	四川	086.05.17.0175	
11	1	西南区	四川	086.05.17.0255	
12	1	西南区	四川	086.05.17.0256	
13	1	西北区	四川	086.07.30.0043	
14	1	西南区	重庆	086.05.18.0004	
15	1	西南区	重庆	086.05.18.0038	
16					
17	○ 复制单元格(C)				
18	○ 填充序列(S)				
19	○ 仅填充格式(F)				
20	○ 不带格式填充(O)				
21	○ 快速填充(F)				

双击

图 2-3　填充序列

知识扩展：

　　如果输入的序列为文本型数字的话，操作会略有差异。

　　如图 2-4 所示，输入第一个序号后，直接下拉就可以。

	A	B	C	D
1	序号	区域	省份	客户代码
2	01	西南区	四川	086.05.17.0179
3	02	华中区	四川	086.05.17.0183
4	03	西南区	四川	086.05.17.0185
5	04	西南区	四川	086.05.17.0196
6	05	西南区	四川	086.05.17.0184
7	06	西南区	四川	086.05.17.0282
8	07	西南区	四川	086.05.17.0612
9	08	西南区	四川	086.05.17.0279
10	09	华北区	四川	086.05.17.0175
11	10	西南区	四川	086.05.17.0255
12	11	西南区	四川	086.05.17.0256
13	12	西北区		086.07.30.0043
14	13	西	直接下拉	086.05.18.0004
15	14	西南区	重庆	086.05.18.0038
16				
17				

图 2-4　直接下拉

　　如图 2-5 所示，输入第一个序号后，采用双击填充。

	A	B	C	D
1	序号	区域	省份	客户代码
2	01	南区	四川	086.05.17.0179
3		华中区	四川	086.05.17.0183
4		西	双击填充	086.05.17.0185
5		西		086.05.17.0196
6		西南区	四川	086.05.17.0184
7		西南区	四川	086.05.17.0282
8		西南区	四川	086.05.17.0612
9		西南区	四川	086.05.17.0279
10		华北区	四川	086.05.17.0175
11		西南区	四川	086.05.17.0255
12		西南区	四川	086.05.17.0256
13		西北区	四川	086.07.30.0043
14		西南区	重庆	086.05.18.0004
15		西南区	重庆	086.05.18.0038

图 2-5　双击填充

课后练习

如图 2-6 所示，如何生成偶数等差序列？

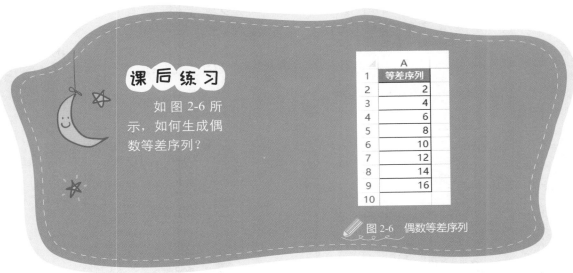

图 2-6　偶数等差序列

Day9　你所不知道的日期填充秘密

扫一扫 看视频

木木：卢子，求救。如图 2-7 所示，我在给人员排班的时候，希望按工作日来填充日期，但直接下拉的话没有排除掉周末，怎么办？

图 2-7　人员排班表

卢子：如果你细心观察的话，如图 2-8 所示，你会发现下拉的时候有一个"自动填充选项"，单击"自动填充选项"，里面出现了各种各样的填充方式，选择"以工作日填充"单选项。

如图 2-9 所示，我们也可以试试"以月填充"和"以年填充"的效果。

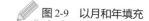

图 2-8　以工作日填充

以月填充	以年填充
2015-1-3	2015-1-3
2015-2-3	2016-1-3
2015-3-3	2017-1-3
2015-4-3	2018-1-3
2015-5-3	2019-1-3
2015-6-3	2020-1-3
2015-7-3	2021-1-3
2015-8-3	2022-1-3
2015-9-3	2023-1-3
2015-10-3	2024-1-3
2015-11-3	2025-1-3
2015-12-3	2026-1-3
2016-1-3	2027-1-3
2016-2-3	2028-1-3

图 2-9　以月和年填充

木木：原来如此，谢谢卢子。

知识扩展：

日期填充还能返回上个月的最后一天。

Step 01　如图 2-10 所示，输入第一个日期选择"以月填充"单选项。

Step 02 如图 2-11 所示，往左边拖拉，选择"以天数填充"单选项。

图 2-10　以月填充

图 2-11　以天数填充

课后练习

如图 2-12 所示，利用填充日期的功能，填充返回上一个月。

	A	B	C
1		填充效果	内容
2		2014年12月	2015年1月
3		2015年1月	2015年2月
4		2015年2月	2015年3月
5			

图 2-12　返回上个月

Day10 **神奇的快速填充**

扫一扫 看视频

Excel 中除了填充序列、日期填充,还有一个最神奇的填充,正名叫快速填充,别名叫闪电填充。

神奇的快速填充,到底有多神奇呢?

(1)从身份证号提取出生日期,如图 2-13 所示。

如图 2-14 所示,单元格事先设置为文本或者输入一个 "'",输入第一个出生日期,下拉选择快速填充。

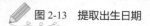
图 2-13　提取出生日期

图 2-14　快速填充

(2)从文本和数字混合中提取数字,如图 2-15 所示。

输入第一个数字,按快捷键 Ctrl+E,如图 2-16 所示。

	A	B
1	卢子713	713
2	陈锡卢870905	870905
3	笑看今朝19870905	19870905
4		

图 2-15　提取数字

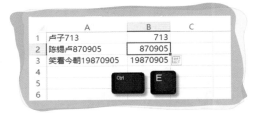

图 2-16　快捷键 Ctrl+E 的使用 1

（3）从电子邮箱中提取名字，如图 2-17 所示。

	A	B
1	电子邮件	名字
2	Nancy.Freehafer@fourthcoffee.com	Nancy
3	Andrew.Cencini@northwindtraders.com	Andrew
4	Jan.Kotas@litwareinc.com	Jan
5	Mariya.Sergienko@graphicdesigninstitute.com	Mariya
6	Steven.Thorpe@northwindtraders.com	Steven
7	Michael.Neipper@northwindtraders.com	Michael
8	Robert.Zare@northwindtraders.com	Robert
9	Laura.Giussani@adventure-works.com	Laura
10	Anne.HL@northwindtraders.com	Anne
11	Alexander.David@contoso.com	Alexander
12	Kim.Shane@northwindtraders.com	Kim
13		

图 2-17　提取名字

输入第一个名字，按快捷键 Ctrl+E，如图 2-18 所示。

	A	B
1	电子邮件	名字
2	Nancy.Freehafer@fourthcoffee.com	Nancy
3	Andrew.Cencini@northwindtraders.com	
4	Jan.Kotas@litwareinc.com	
5	Mariya.Sergienko@graphicdesigninstitute.com	
6	Steven.Thorpe@northwindtraders.c	
7	Michael.Neipper@northwindtraders	
8	Robert.Zare@northwindtraders.com	
9	Laura.Giussani@adventure-works.com	
10	Anne.HL@northwindtraders.com	
11	Alexander.David@contoso.com	
12	Kim.Shane@northwindtraders.com	

图 2-18　快捷键 Ctrl+E 的使用 2

（4）合并姓名，如图 2-19 所示。

输入第一个姓名，按快捷键 Ctrl+E，如图 2-20 所示。

	A	B	C
1	姓	名	姓名
2	陈	锡卢	陈锡卢
3	谷	聪丽	谷聪丽
4	曲	永晨	曲永晨
5	彭	金兰	彭金兰
6	方	琴	方琴
7	杨	红英	杨红英
8	刘	朝贵	刘朝贵
9	罗	恩梅	罗恩梅
10	杨	刚	杨刚
11	罗	志红	罗志红
12	王	连美	王连美

图 2-19　合并姓名

	A	B	C
1	姓	名	姓名
2	陈	锡卢	陈揚卢
3	谷	聪丽	
4	曲	永晨	
5	彭	金兰	Ctrl E
6	方	琴	
7	杨	红英	
8	刘	朝贵	
9	罗	恩梅	
10	杨	刚	
11	罗	志红	
12	王	连美	
13			

图 2-20　快捷键 Ctrl+E 的使用 3

（5）合并姓名和手机号码，如图 2-21 所示。

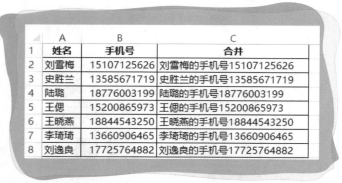

	A	B	C
1	姓名	手机号	合并
2	刘雪梅	15107125626	刘雪梅的手机号15107125626
3	史胜兰	13585671719	史胜兰的手机号13585671719
4	陆璐	18776003199	陆璐的手机号18776003199
5	王偲	15200865973	王偲的手机号15200865973
6	王晓燕	18844543250	王晓燕的手机号18844543250
7	李琦琦	13660906465	李琦琦的手机号13660906465
8	刘逸良	17725764882	刘逸良的手机号17725764882

图 2-21　合并姓名和手机号码

输入第一个姓名和手机号的所有内容，按快捷键 Ctrl+E，如图 2-22 所示。

图 2-22 快捷键 Ctrl+E 的使用 4

从调色配方中提取中间配色，如图 2-23 所示。

图 2-23 提取中间配色

扫一扫 看视频

Day11 高大上的时间录入方法

普通录入

1. 手工输入技巧

我们手工录入当年日期时可以不输入年份，比如，在单元格输入 4-25 后，将单元

格格式设置为短日期或者自定义为 yyyy-m-d，如图 2-24 所示。Excel 会自动补全当年年份变成 2017-4-25。

图 2-24　短日期

2. 快捷键录入法

按住键盘上的 Ctrl 键，再按键盘上的分号";"，这时单元格上直接显示当前的日期，如图 2-25 所示。

按住键盘上的 Ctrl 键，再按住 Shift 键，再按上分号";"，这时将自动显示当前的时间，如图 2-26 所示。

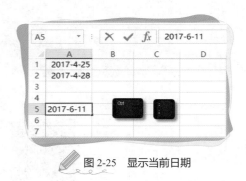

图 2-25　显示当前日期

图 2-26　显示当前的时间

3. 函数录入法

TODAY 函数，返回当前的日期。不论你何时打开工作簿，TODAY 函数都可以实现工作表日期动态显示为当前日期。如图 2-27 所示。

NOW 函数，返回当前的时间。当你需要让工作表显示当前日期和时间，或基于当

前日期和时间计算某一值，并且想实现每次打开工作表时，都显示为当前日期和
时间的效果，NOW 函数会很有用，如图 2-28 所示。

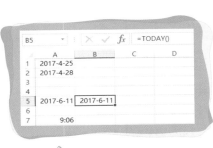

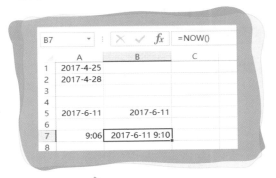

图 2-27　TODAY 函数

图 2-28　NOW 函数

知识扩展：高大上的录入技巧

　　我们经常要在 Excel 表格里录入日期（年月日）＋时间（0:00:00），有没有一种方
法可以实现直接点击某单元格后自动弹出一个选择框，并且可以在框里选择日期和时间
（显示格式：2017-6-11 9:10:01）的效果，如图 2-29 所示。

图 2-29　选择当前日期＋时间

当前时间自动显示在某个选择框里，单击鼠标左键后直接录入到表格里。

Step 01 将单元格格式设置为 yyyy-m-d h:mm:ss，如图 2-30 所示。

Step 02 在 E1 输入 NOW 函数。

```
=NOW()
```

图 2-30 自定义单元格

Step 03 制作下拉菜单。选择单元格区域 C2:C7，切换到"数据"选项卡，单击"数据验证"图标，在允许下拉文本框选择"序列"项，来源用鼠标引用 E1 的位置，单击"确定"按钮，如图 2-31 所示。

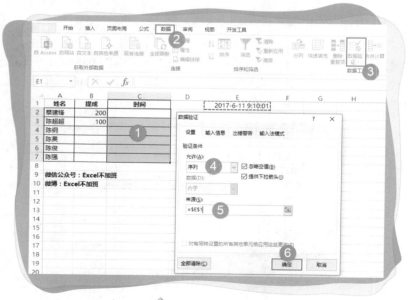

图 2-31 下拉菜单

课后练习

如图 2-32 所示，将 A 列的日期跟 B 列的时间合并起来，显示在 C 列。

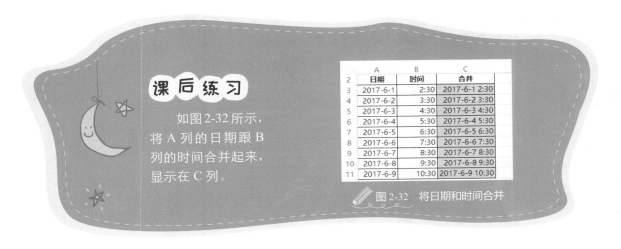

	A	B	C
2	日期	时间	合并
3	2017-6-1	2:30	2017-6-1 2:30
4	2017-6-2	3:30	2017-6-2 3:30
5	2017-6-3	4:30	2017-6-3 4:30
6	2017-6-4	5:30	2017-6-4 5:30
7	2017-6-5	6:30	2017-6-5 6:30
8	2017-6-6	7:30	2017-6-6 7:30
9	2017-6-7	8:30	2017-6-7 8:30
10	2017-6-8	9:30	2017-6-8 9:30
11	2017-6-9	10:30	2017-6-9 10:30

图 2-32　将日期和时间合并

Day 12　录入长字符串的技巧

卢子：木木，如图 2-33 所示，假如现在增加一列内容，录入身份证号码，你知道怎么操作吗？

	A	B	C	D
1	日期	人员	身份证号码	
2	2015-1-3	王启	626345199605132058	
3	2015-1-5	郑准		
4	2015-1-6	周蝈		
5	2015-1-7	李节		
6	2015-1-8	张三		
7	2015-1-9	孔庙		
8	2015-1-12	刘戡		
9	2015-1-13	张大民		
10	2015-1-14	阮大		
11	2015-1-15	吴柳		
12	2015-1-16	李明		
13	2015-1-19	田七		
14	2015-1-20	王小二		
15	2015-1-21	蔡延		

图 2-33　如何录入身份证

木木：这个我会，如图 2-34 所示，身份证号码跟其他不一样，超过 15 位数字，如果直接输入会出错，15 位后面全部变成 0。

C3		× ✓ fx	626345199605132000	
▲	A	B	C	D
1	日期	人员	身份证号码	
2	2015-1-3	王启	626345199605132058	
3	2015-1-5	郑准	6.26345E+17	
4	2015-1-6	周阔		
5	2015-1-7	李节		
6	2015-1-8	张三		
7	2015-1-9	孔庙		
8	2015-1-12	刘戡		
9	2015-1-13	张大民		
10	2015-1-14	阮大		
11	2015-1-15	吴柳		
12	2015-1-16	李明		
13	2015-1-19	田七		
14	2015-1-20	王小二		
15	2015-1-21	蔡延		

图 2-34　超过 15 位数字后面全变成 0

如图 2-35 所示，在输入的时候，只需在身份证号码前面输入 "'" 即可。

C3		× ✓ fx	'626345199005132056	
▲	A	B	C	D
1	日期	人员	身份证号码	
2	2015-1-3	王启	626345199605132058	
3	2015-1-5	郑准	626345199005132056	
4	2015-1-6	周阔		
5	2015-1-7	李节		
6	2015-1-8	张三		
7	2015-1-9	孔庙		
8	2015-1-12	刘戡		
9	2015-1-13	张大民		
10	2015-1-14	阮大		
11	2015-1-15	吴柳		
12	2015-1-16	李明		
13	2015-1-19	田七		
14	2015-1-20	王小二		
15	2015-1-21	蔡延		

图 2-35　输入 "'"

卢子：这个也是一种方法，我平常更习惯先将单元格设置为"文本"格式，如图 2-36 所示，选择区域 C2:C15，将单元格格式改成"文本"，然后再录入身份证号码。

图 2-36　设置文本格式

　　这样有一个好处就是一劳永逸。只需设置一次单元格格式，以后只需输入身份证号码即可。

知识扩展：

　　如图 2-37 所示，在 Excel 中直接输入 12 位的数字，居然变成这样 9.57536E+11，这个究竟是为什么？

图 2-37　9.57536E+11

这是科学计数法，超过 11 位的数字，在默认情况下会显示科学计数法。因为金额一般都没有那么多位数，12 位的金额是多少，我书读得少不会算，你知道吗？

遇到这种超过 11 位的字符时，可以先输入"'"再输入一串数字，或者先设置为文本格式再输入一串数字会更方便。

除了这种，还有就是 0 开头的数字，也必须先设置为文本格式，否则 0 会自动消失，如图 2-38 所示。

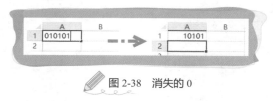

图 2-38　消失的 0

最后一种是分数，也需要先设置为文本格式，否则输入分数后就会出错，如输入 3/16，就变成 3 月 16 日。因为默认情况下，以"/"和"-"作为分隔符的都是当作日期处理，如图 2-39 所示。

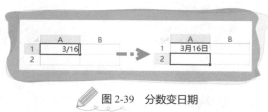

图 2-39　分数变日期

课后练习

如图 2-40 所示，如何将网页上面的身份证号码复制到 Excel 中？

身份证

卢子

469023199211287937
439023198211287535
445121198709055616

图 2-40　身份证号码

批量为城市添加省份

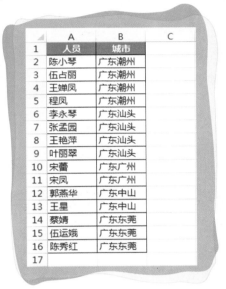

卢子：如图 2-41 所示，这是广东省各城市人员对应表，木木，如果是你，你怎么输入这些城市呢？

图 2-41　广东省各城市人员对应表

木木：直接输入啊，如广东潮州，难不成还有其他办法？

卢子：直接输入当然可以，但实际上没必要这么做。因为前面两个字都是"广东"，这个可以通过自定义单元格格式得到，也就是说只需要输入潮州这样的具体城市名称就可以。

如图 2-42 所示，选择区域 B2:B16，利用快捷键 Ctrl+1，弹出"设置单元格格式"对话框。切换到"数字"选项卡，然后选择"自定义"选项，在类型框中输入代码："广东"@，单击"确定"按钮。

图 2-42　自定义单元格格式

木木：这个代码是什么意思？

卢子：@ 代表所有文本，" 广东 "@ 也就是在所有文本前面添加广东两个字。

木木：那什么代表所有数字呢？

卢子：数字用 G/ 通用格式，如果是整数的话可以直接用 0 表示。比如要输入每个人的年龄，就可以用下面的自定义代码：

```
G/ 通用格式 " 岁 "
0" 岁 "
```

如图 2-43 所示，现在只需输入数字，就会自动在后面添加"岁"字。

木木：又学了一招，效率又提高一点点了。

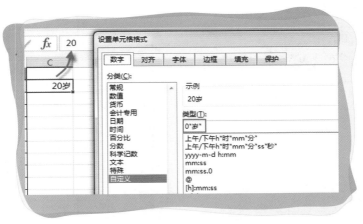

图 2-43 自定义后输入的效果

知识扩展：

省份不统一的情况下，不能直接自定义单元格格式，需要添加一个城市与省份的对应表，如图 2-44 所示。

图 2-44 对应表

在 C2 单元格输入公式，双击向下填充公式，如图 2-45 所示。

=VLOOKUP(B2,对应表!A:B,2,0)&B2

	A	B	C
1	人员	城市	省份城市
2	陈小琴	马鞍山	安徽马鞍山
3	伍占丽	潮州	广东潮州
4	王婵凤	潮州	广东潮州
5	程凤	常州	江苏常州
6	李永琴	苏州	江苏苏州
7	张孟园	汕头	广东汕头
8	王艳萍	汕头	广东汕头
9	叶丽翠	汕头	广东汕头
10	宋蕾	广州	广东广州
11	宋凤	广州	广东广州
12	郭燕华	中山	广东中山
13	王星	中山	广东中山
14	蔡婧	东莞	广东东莞
15	伍运娥	东莞	广东东莞
16	陈秀红	东莞	广东东莞

图 2-45　不同省份

VLOOKUP 函数语法：

VLOOKUP (查找值，去哪个区域查找，返回这个区域的第几列，精确或者模糊查找)

在函数部分后详细介绍这个函数的用法。

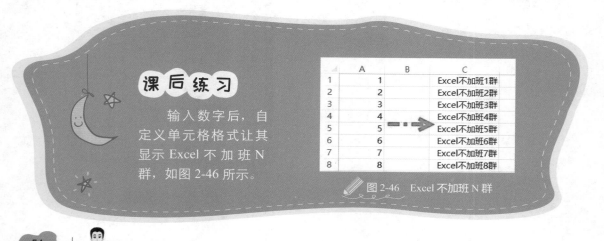

课后练习

输入数字后，自定义单元格格式让其显示 Excel 不加班 N 群，如图 2-46 所示。

	A	B	C
1	1		Excel不加班1群
2	2		Excel不加班2群
3	3		Excel不加班3群
4	4		Excel不加班4群
5	5		Excel不加班5群
6	6		Excel不加班6群
7	7		Excel不加班7群
8	8		Excel不加班8群

图 2-46　Excel 不加班 N 群

单元格百变大咖秀的易容术

同一个人化妆前与化妆后的差别可以非常大，同样，在 Excel 中也可以对单元格的内容进行化妆易容，变得让你都不认识。

将日期转变成英文星期几，如图 2-47 所示。

将小写金额转变成大写金额，如图 2-48 所示。

	A	B	C	D
1	日期	效果1	效果2	效果3
2	2017-5-24	2017年5月24日	周三	Wednesday
3	2017-5-25	2017年5月25日	周四	Thursday
4	2017-5-26	2017年5月26日	周五	Friday
5	2017-5-27	2017年5月27日	周六	Saturday
6				

图 2-47　英文星期几

	A	B	C
1	金额	效果	
2	1	人民币壹元	
3	2	人民币贰元	
4	4	人民币肆元	
5	9	人民币玖元	
6			

图 2-48　将金额转变成大写

如果你不说，神仙都不知道右边的内容是由左边变出来的。今天就从头教你如何对单元格进行易容术。

1. Excel 内置的易容术

数字设置，如图 2-49 所示。

（1）保留 2 位小数，就是设置单元格格式为数值，小数点位改成 2，如图 2-50 所示。

	A	B	C
1	原始数值	保留2位小数	会计格式
2	158.61	158.61	￥158.61
3	178.6536	178.65	￥178.65
4	158.101	158.10	￥158.10
5			

图 2-49　数字设置

图 2-50　数值格式

（2）会计格式，就是设置单元格格式为会计专用，小数点位改成 2，货币符号选择 ￥，如图 2-51 所示。

日期设置，如图 2-52 所示。

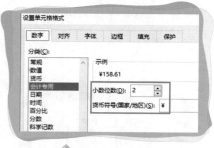

图 2-51 会计专用

图 2-52 日期设置

（3）效果 1 和效果 2 在日期格式这里都能找到答案，如图 2-53 所示。

（4）效果 3 就要用到自定义单元格格式，中文星期几用 aaaa，英文星期几用 dddd，如图 2-54 所示。

图 2-53 日期

图 2-54 英文星期几

2. Excel 个性化易容术

其实刚刚的自定义英文星期几就是个性化易容术的一种，通过自定义理论上你能想到的显示方式，都能实现。

（1）很多时候为了偷懒，书籍名称都只是写后面部分，而 Excel 不加班是没有写的，如图 2-55 所示。

这种就可以通过自定义单元格格式为 ""Excel 不加班 "@"，如图 2-56 所示。

图 2-55　自定义书籍名称效果

图 2-56　自定义书籍名称

文本内容用英文状态下的双引号 """" 引用起来，@ 就代表所有文本内容。

（2）这种属于简单的，还有一种难的，将小写金额转变成大写，如图 2-57 所示。

自定义单元格格式为 "[DBNum2] 人民币 0 元"，如图 2-58 所示。

图 2-57　将小写金额转变成大写效果

图 2-58　金额小写转大写

[DBNum2] 代表大写数字，0 代表所有整数。

这个 [DBNum2] 太长了，记不住怎么办呢？

其实懒人自有懒人的办法，这些都不用记住。

将单元格设置为"特殊"格式，选择"中文大写数字"，如图 2-59 所示。

再单击自定义格式，就可以看到我们刚刚设置的格式代码"[DBNum2][$-804]G/ 通用格式"，如图 2-60 所示。

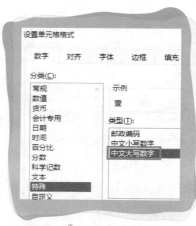

图 2-59 特殊

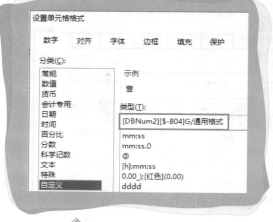

图 2-60 自定义大写代码

不用去管这段代码的含义，直接修改使用 [DBNum2][$-804] 人民 G/ 通用格式元即可。

（3）在输入 √ 跟 × 的时候比较麻烦，而输入 1 和 2 非常简单，如图 2-61 所示。

	A	B	C
1	书籍	备注	效果
2	Excel不加班Excel不加班综合	1	√
3	Excel不加班Excel不加班函数精华篇	1	√
4	Excel不加班Excel不加班透视表精华篇	1	√
5	Excel不加班Excel不加班图表精华篇	2	×
6			

图 2-61 自定义 √ × 效果

自定义单元格格式为"[=1]" √ ";[=2]"×""，如图 2-62 所示。

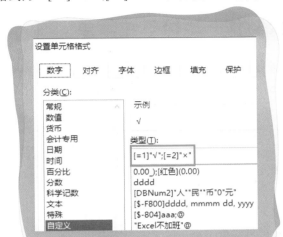

图 2-62　自定义 √ ×

如图 2-63 所示，自定义数字的三种格式，正数、负数和零。

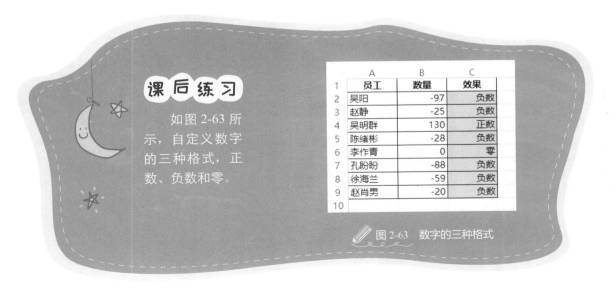

	A	B	C
1	员工	数量	效果
2	吴阳	-97	负数
3	赵静	-25	负数
4	吴明群	130	正数
5	陈绪彬	-28	负数
6	李作青	0	零
7	孔盼盼	-88	负数
8	徐海兰	-59	负数
9	赵肖男	-20	负数
10			

图 2-63　数字的三种格式

Day15 轻松制作一二级下拉菜单

❓ 木木：前面你教过我一级下拉菜单的制作，很容易，我一学就会，但二级下拉菜单又是如何制作的呢？比如我现在选择了西游记，就有沙僧、孙悟空、吴承恩可供选择，其他不相关的不出现，如图2-64所示。

	A	B	C	D	E	F	G
1	经典	人物		红楼梦	水浒传	西游记	三国演义
2	红楼梦			曹雪芹	宋江	沙僧	张飞
3				高鹗	施耐庵	孙悟空	刘备
4				贾宝玉	李逵	吴承恩	罗贯中

✏️ 图2-64 二级下拉菜单

💬 卢子：二级下拉菜单其实也不难，我慢慢跟你讲。

Step 01 根据经验，先做一个一级下拉菜单。

选择区域，选择"数据"选项卡→"数据验证"选项，在"允许"下拉文本框选择"序列"选项，"来源"文本框引用：=$D$1:$G$1，单击"确定"按钮，如图2-65所示。

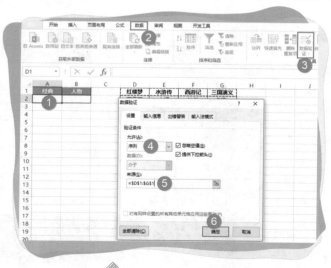

✏️ 图2-65 一级下拉菜单

Step 02 选择区域，切换到"公式"选项卡，选择"根据所选内容创建"选项，取消勾选"最左列"复选框，单击"确定"按钮，如图 2-66 所示。

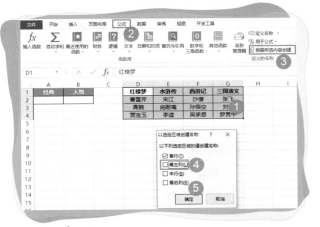

✎ 图 2-66　根据所选内容创建定义的名称

Step 03 选择区域，切换到"数据"选项卡，选择"数据验证"选项，在"允许"文本框选择"序列"选项，在"来源"文本框输入下面的公式，单击"确定"按钮，这时会弹出一个对话框，直接忽略即可，如图 2-67 所示。

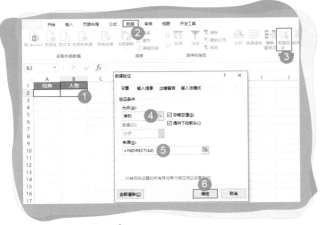

✎ 图 2-67　设置函数

```
=INDIRECT(A2)
```

经过 3 个小步骤，就可以进行关联选择，如图 2-68 所示。

图 2-68　二级下拉菜单效果

知识扩展：

　　我们在制作表格的时候，还有一种很特殊的下拉菜单选择法，不过不是借助序列这个功能，而是结合已经输入的内容加快捷键 Alt+↓实现的，如图 2-69 所示。

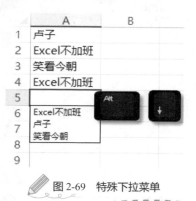

图 2-69　特殊下拉菜单

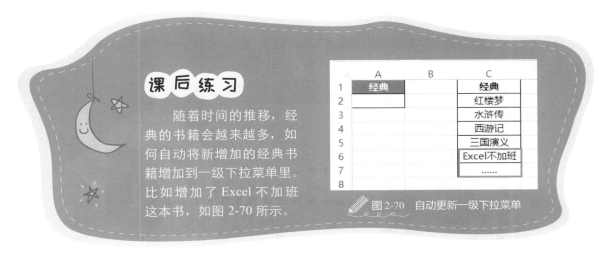

课后练习

随着时间的推移，经典的书籍会越来越多，如何自动将新增加的经典书籍增加到一级下拉菜单里。比如增加了 Excel 不加班这本书，如图 2-70 所示。

图 2-70　自动更新一级下拉菜单

Day 16　快速输入特殊符号

卢子：木木，你在输入 √ 或者 × 这些符号的时候是怎么输入的呢？

木木：按住 Alt+ 小键盘的数字，√ 就是 41420。

卢子：对于一向使用笔记本的我而言，靠这种方法输入非常麻烦，还有就是不容易记住这些数字。如图 2-71 所示，我一般都是借助搜狗拼音输入法，来输入这些特殊字符，输入 dui 就能得到 √，输入 cuo 就能得到 ×。

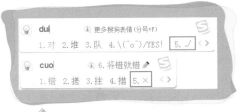

图 2-71　搜狗输入法输入特殊字符

使用搜狗拼音输入法，还可以输入平方米（m²），立方米（m³）等，大大减轻了记忆的负担。

❓ 木木：这个更好，赞一个！

💡 卢子：搜狗拼音输入法中还有"特殊符号"这个功能，借助这个功能可以输入大多数特殊字符，如图 2-72 所示。

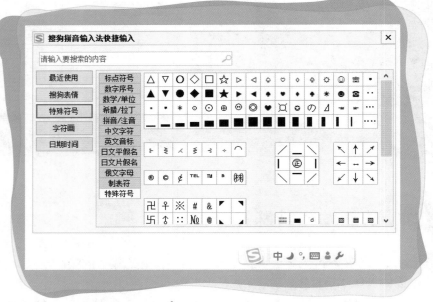

✏️ 图 2-72 特殊符号

知识扩展：

　　Excel 输入带框 √ × 新技能：如果数字大于等于 0 就输入带框的 √，小于 0 就输入带框的 ×。正常这种很难做到，但其实通过设置字体为 Wingdings 2，R 就是带框的 √，Q 就是带框的 ×，这种方法是不是挺不错？！如图 2-73 所示。

```
=IF(A2>=0,"R","Q")
```

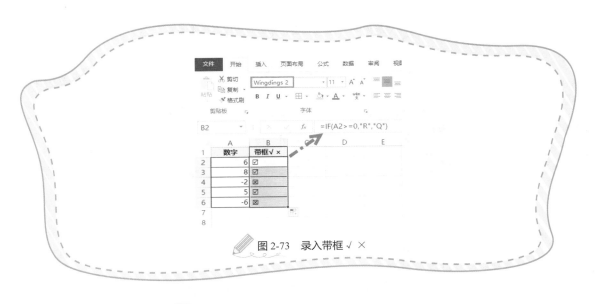

图 2-73　录入带框 √ ×

课后练习

如图 2-74 所示，如何插入这 2 个特殊符号？

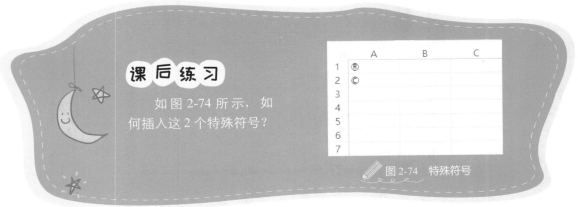

图 2-74　特殊符号

Day17　**复制粘贴比你想象中要强百倍**

? 木木：以前我只会 Ctrl+C 和 Ctrl+V 快捷键，后来无意间看你的 Excel 不加班这本书，

才发现原来不仅仅是最基础复制粘贴那么简单。居然还能乾坤大挪移，太涨见识了。

如图 2-75 所示，出差了好几天，准备报销费用，没想到布局没搞好，变成矮矮胖胖的样子，挺难看的，怎么将布局变成瘦瘦长长的？

	A	B	C	D	E	F	G	H	I	J	K	L
1	日期	6-3	6-4	6-5	6-6	6-7	6-8	6-9	6-10	6-11	6-12	合计
2	餐费	154.9	146	339.5	129	94	207.2	143	204.8	140	260	1818.4
3	杂费	66.5					27.3					93.8
4	合计	221.4	146	339.5	129	94	234.5	143	204.8	140	260	1912.2

图 2-75 矮矮胖胖的布局

卢子：利用转置可实现这个效果，有人把这个功能戏称为"乾坤大挪移"。复制数据源，单击任意单元格，右键激活"粘贴选项"功能，单击"转置"按钮，调整列框，如图 2-76 所示。

	A	B	C	D
1	日期	6-3	6-4	6-5	6-6	6-7	6-8	6-9	6-10	6-11	6-12	合计
2	餐费	154.9	146	339.5	129	94	207.2	143	204.8	140	260	1818.4
3	杂费	66.5					27.3					93.8
4	合计	221.4	146	339.5	129	94	234.5	143	204.8	140	260	1912.2
5				
6				
7	日期	粘贴选项		
8	6-3			
9	6-4	146		转置 (T)
10	6-5	339.5		
11	6-6	129		129
12	6-7	94		94
13	6-8	207.2	27.3	234.5
14	6-9	143		143
15	6-10	204.8		204.8
16	6-11	140		140
17	6-12	260		260
18	合计	1818	93.8	1912

图 2-76 转置

选择性粘贴还有很多功能，如粘贴成各式各样的功能，或者执行运算，这个有兴趣的朋友可以试试看。

木木：但我很笨，你说到这里就不说了，还是再好好说一下其他神奇的粘贴功能吧。

卢子：本来这个知识点我准备点到为止，主要靠你自己动手尝试，既然你提到，我就好好聊一下。

知识扩展：

1. 将公式转变成数值

有公式存在的情况下，如果删除了某些数据以后，公式就会产生错误。而如果转换成数值，就不会出现这种问题。复制内容，单击"粘贴"按钮，选择"123"选项，如图 2-77 所示。

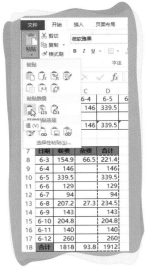

图 2-77　粘贴数值

2. 粘贴成图片方便排版

将 2 份不同格式的表格放在一起，因为列宽不同又得重新排版，而如果将其中一份变成图片，就没有这种烦恼。复制内容，单击"粘贴"按钮，选择"图片"选项，如图 2-78 所示。

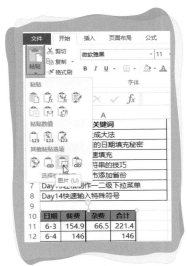

图 2-78　粘贴图片

3. 曾经难住卢子 10 年的行高问题

我们在进行复制粘贴的时候，出于特殊情况，会要求复制过去行高和列宽保持跟原来一样。

在进行选择性粘贴的时候，我们只看到"列宽"这个功能，"行高"却看不见，如图 2-79 所示。

图 2-79　选择性粘贴

4. 行高在哪儿呢？

如果是整个工作表的话，可以进行全选然后复制粘贴，这样格式就一样，如图 2-80 所示。

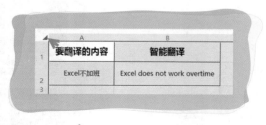

图 2-80　全选整个工作表

直到今天，无意间从一位 MVP 那里学到这个功能。

直接选择要保持行高跟列宽的整行区域，切记不能选错。粘贴过去的时候选择"保留源列宽"就搞定了，如图 2-81 所示。

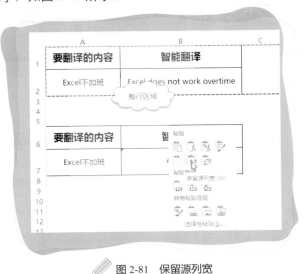

图 2-81　保留源列宽

最后，人要不断地学习，学无止境！

课后练习

如图 2-82 所示，输入数据后，因为有变动，需要将数据全部增加 100，借助粘贴功能如何实现呢？

图 2-82　每个数据增加 100

Day18 小小列宽学问多多

接上节内容提到了列宽的问题，小小
列宽学问多多。

我发现一件怪事，有一个单元格不管
我怎么设置边框都不管用，就是不显示出
来，如图 2-83 所示，怎么回事呢？

这是列宽太小导致的。

快速调整列宽的 3 种常见方法。

图 2-83　边框只显示一半

1. 向右拖动调整列宽

如图 2-84 所示，只需选中 B 列，在标题栏向右拖拉到列宽可以容纳所有内容为止。
现在边框是不是就自动出来了？

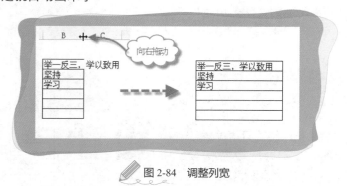

图 2-84　调整列宽

2. 双击自动调整列宽

如果有多列的需要调整列宽，有没有快捷一点的操作方法？

如图 2-85 所示，选择 E:H 四列，双击 H 列标题栏就可以自动调整列宽。

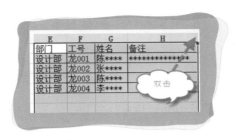

图 2-85　自动调整列宽

3. 设置列宽大小

有的时候还可以通过双击获取最合适的行高。工作上还有一种情况就是行高与列宽为固定值，这时就不能通过这两种方法来调整。如图 2-86 所示，切换到"开始"选项卡，单击"格式"下拉按钮，选择"列宽"选项，更改列宽大小，单击"确定"按钮。用同样的方法，设置行高。

图 2-86　设置列宽大小

知识扩展：

设置列宽的时候发现一个问题，这些宽度都是以像素作为单位，但我们平常都是以 cm 作为单位，就如职工的照片宽度是3cm，如图 2-87 所示。

图 2-87　像素变 cm

如图 2-88 所示，切换到"视图"选项卡，单击"页面布局"图标，然后选择 A 列，单击鼠标右键在弹出的对话框中设置"列宽"，这时就是以 cm 作为单位，将数字改成 3，单击"确定"按钮。用同样的方法，设置行高。

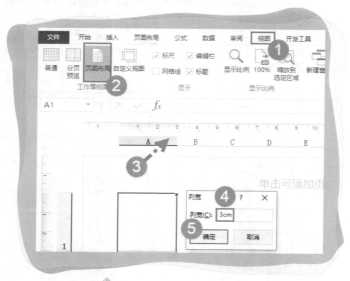

图 2-88　设置 3cm 列宽和行高

课后练习

如图 2-89 所示，怎么将页面布局（有刻度）改成普通布局（没刻度）？

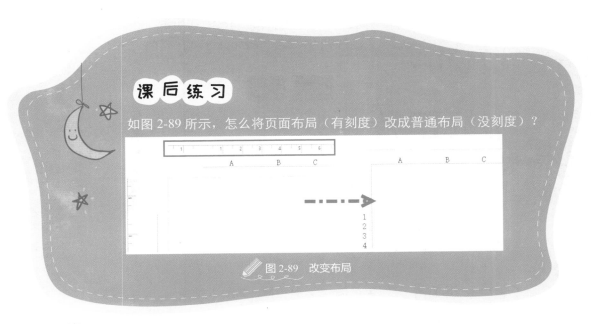

✏️ 图 2-89　改变布局

Day19　**深入了解查找和替换**

❓ 木木：如图 2-90 所示，想问一下，表格中有多个 0，也有 10，20 这样的非 0 数字，怎样批量去掉 0，而又使非 0 数字保持不变？

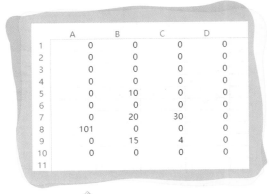

	A	B	C	D
1	0	0	0	0
2	0	0	0	0
3	0	0	0	0
4	0	0	0	0
5	0	10	0	0
6	0	0	0	0
7	0	20	30	0
8	101	0	0	0
9	0	15	4	0
10	0	0	0	0
11				

✏️ 图 2-90　快速将零去除

针对这种问题，我想到的就是直接输入 0 替换，如图 2-91 所示。

图 2-91　直接替换

可是悲剧，不成功，其他含有 0 的也被替换掉，如图 2-92 所示。

图 2-92　出错

卢子：正确的做法应该是增加一步，勾选"单元格匹配"，这样才能只替换掉 0，得到正确的结果，如图 2-93 所示。

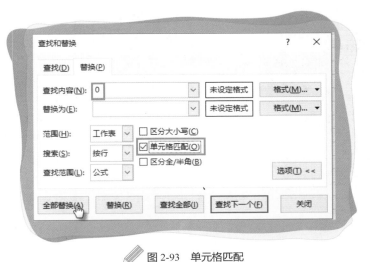

図 2-93　单元格匹配

知识扩展:

1. 将括号内容去除

Ctrl+H 快捷键调出替换功能，输入 (*)，单击 "全部替换" 按钮，如图 2-94 所示。

図 2-94　将括号内容去除

2. 替换 * 的事儿

今早发现有部分内容的 × 写成 *，想替换掉，直接用查找 *，替换成 ×，直接傻眼了：全都成了 ×，如图 2-95 所示。

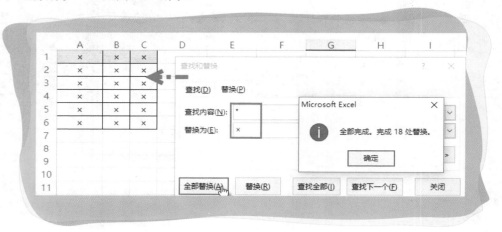

图 2-95　错误替换 *

忽然想起，这个 * 属于通配符需要加 ~ 才行，如图 2-96 所示。

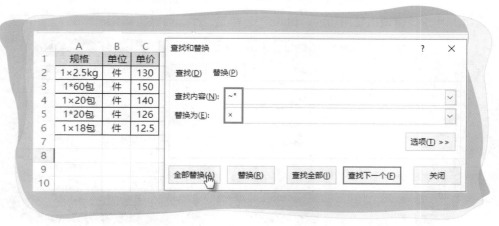

图 2-96　正确替换 *

课后练习

将大写的 E 替换成小写的 e，如图 2-97 所示。

图 2-97　将大写的 E 替换成小写的 e

Day20　快速选取区域

 木木：如图 2-98 所示，跟着你每天学习，我将每天的关键词录入到表格中，我现在要对这些内容添加边框，除了用鼠标选择区域外，有没有更快的办法？

图 2-98　选取区域

卢子：快速选取区域一般都是借助快捷键来实现的。

01 如果要全选表格，单击 A1，按 Ctrl+A 快捷键，如图 2-99 所示。

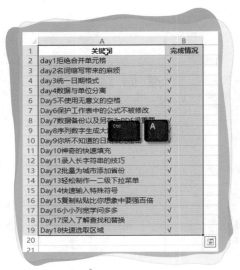

图 2-99　全选

02 如果现在只是要选取 A 列有内容的区域，单击 A1，再按 Ctrl+Shift+↓ 快捷键，如图 2-100 所示。

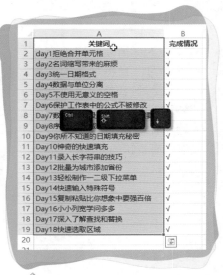

图 2-100　快速选择 A 列有内容的

03 如果现在有很多列内容，只要选取 A:B 两列有内容的区域，选择 A1:B1，再按 Ctrl+Shift+ ↓ 快捷键，如图 2-101 所示。

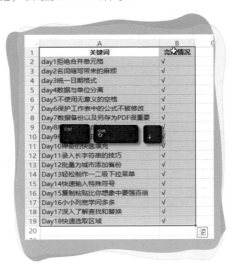

图 2-101　快速选择 A:B 列有内容的区域

知识扩展：

实际上这个课程是 100 天，设置边框是需要选择 A1:B101 设置的。因为有的内容还没完成，也就是说，截至当前，A 列关键词项下不足 100 天的内容，如果直接使用快捷键是无法实现的。这时名称框就发挥了作用。

在名称框输入 A1:B101，按 Enter 键就能快速选取区域，如图 2-102 所示。

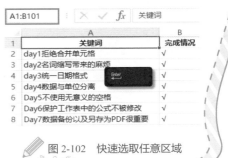

图 2-102　快速选取任意区域

课后练习

如图 2-103 所示，在任意单元格如 C8，如何快速返回 A1 这个单元格？

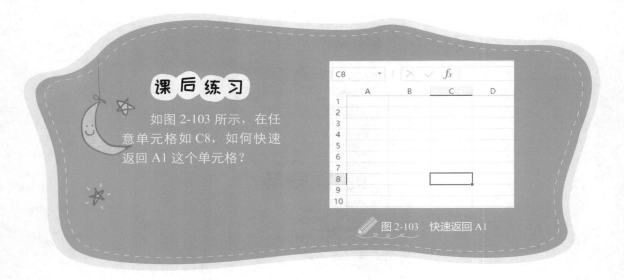

图 2-103　快速返回 A1

Day21　批量录入数据

木木：对于在同一列输入内容的情况，我可以输入第一个内容，然后下拉或者双击填充，如图 2-104 所示。

	A	B
1	关键词	完成情况
2	day1拒绝合并单元格	√
3	day2名词缩写带来的麻烦	
4	day3统一日期格式	
5	day4数据与单位分离	
6	Day5不使用无意义的空格	
7	Day6保护工作表中的公式不被修改	
8	Day7数据备份以及另存为PDF很重要	
9	Day8序列数字生成大法	
10	Day9你所不知道的日期填充秘密	
11	Day10神奇的快速填充	
12	Day11录入长字符串的技巧	
13	Day12批量为城市添加省份	
14	Day13轻松制作一二级下拉菜单	
15	Day14快速输入特殊符号	
16	Day15复制粘贴比你想象中要强百倍	

图 2-104　同一列输入内容

如果是多行多列的情况下，要输入相同内容该如何做？

卢子：最常用的方法就是用鼠标选取区域，输入第一个内容，按 Ctrl+Enter 快捷键，如图 2-105 所示。

还有一种就是借助名称框。

Step 01　输入区域，按 Enter 键，选取区域，如图 2-106 所示。

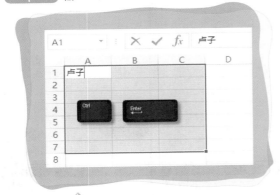

图 2-105　按 Ctrl+Enter 快捷键

图 2-106　选取区域

Step 02　输入第一个内容，按 Ctrl+Enter 快捷键，如图 2-107 所示。

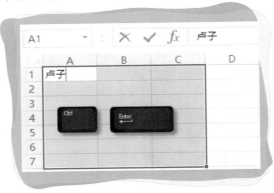

图 2-107　按 Ctrl+Enter 快捷键

当区域比较小的时候选择第一种方法，区域比较大的时候选择第二种方法。

知识扩展：

在实际工作中还会出现一种情况，就是在多个表格输入相同的内容。

按住 Shift 键选择第一个表和最后一个表，直接输入内容，就完成所有表格输入相同内容，如图 2-108 所示。

如果不是全部表格，只是其中某些表格，可以按 Ctrl 键选择表格，如图 2-109 所示。

图 2-108　Shift 选取工作表　　　　　图 2-109　Ctrl 选取工作表

课后练习

如图 2-110 所示，如何在不连续的单元格，批量输入当天日期？

图 2-110　不连续区域录入当天日期

工作表编辑技巧

木木：上一篇提到了工作表的选择，我想起了一个问题。Excel 2013 默认打开后只有 1 张工作表，其他版本默认有 3 张工作表，如图 2-111 所示。

对于很多人来说，1 张工作表显然是不够的，这时我们可以单击"添加新工作表"按钮，需要几张就点几下，如图 2-112 所示。

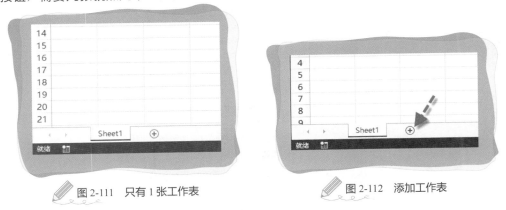

图 2-111　只有 1 张工作表　　　　　　　图 2-112　添加工作表

点了 2 次分别生成了 Sheet2、Sheet3 这 2 张工作表，如图 2-113 所示。

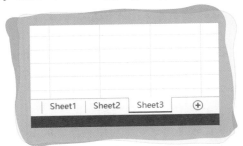

图 2-113　生成 2 张工作表

对于这种情况，有没有办法设置默认就是 3 张工作表？

卢子： 对于经常需要 3 张表格或者更多表格的人而言，每次这样添加显得非常繁琐，记住 Excel 只有一个原则：将偷懒进行到底！

解决方案其实很简单，依次单击"文件"→"选项"→"常规"命令，在"新建工作簿时"下面的功能，"包含的工作表数"改成 3，单击"确定"按钮，如图 2-114 所示。

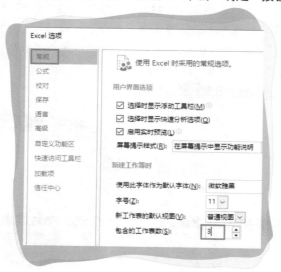

图 2-114　包含的工作表数 3 个

这样设置的效果是，以后新建的工作簿都是 3 张工作表，新建工作簿的快捷键为 Ctrl+N。

回过头来看工作表的名字，好俗气，叫 Sheet1、Sheet2、Sheet3，就像以前孩子生多了，直接叫老大、老二、老三……其实我们也可以给工作表起一个和表中内容相对应的名字，右击 Sheet1，单击"重命名"按钮或双击 Sheet1，输入：来料。用同样的操作将剩下的 2 张表格名字改成：生产、销售，如图 2-115 所示。

有的时候生成的工作表比较多，这时就可以将多余的工作表删除。右击需要删除的工作表，单击"删除"按钮，如图 2-116 所示。

如果你这个表格不想让别人看见，也可以采用"隐藏"的方式，这样别人就看不见，需要的时候再重新右击工作表，单击"取消隐藏"按钮，工作表即被复原。删除是不可以复原的，隐藏是可以复原的。

图 2-115　工作表重命名

图 2-116　删除工作表

知识扩展：

表格被别人恶作剧，工作表标签不见了，如图 2-117 所示。怎样复原？

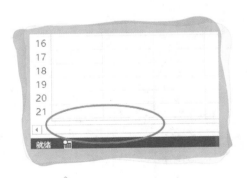

图 2-117　工作表标签不见

对于这种情况，偶尔会出现，一旦出现就是异常麻烦的节奏。因为使用频率非常低，很多有五六年经验的人都找不到。在"Excel 选项"→"高级"选项中，勾选"显示工作表标签"复选框，如图 2-118 所示。

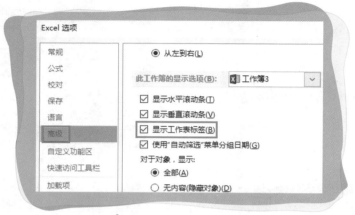

图 2-118 显示工作表标签

课后练习

如图 2-119 所示，如何一次性新建 30 个工作表？

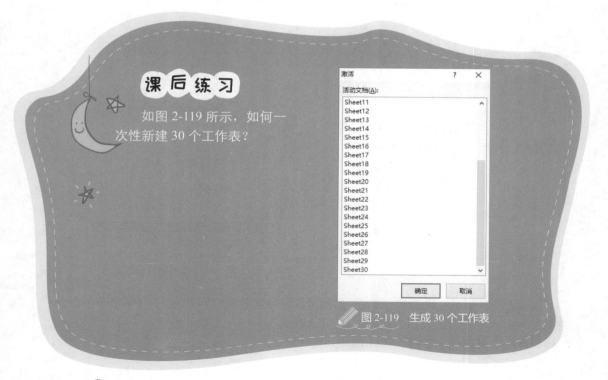

图 2-119 生成 30 个工作表

Day23　使用"自动更正"功能快捷输入长字符串

卢子：如图 2-120 所示，经常要输入客户名称，但客户名称都比较长。木木，如果是你，会怎么输入这些客户名称呢？

▲	A	B	C	D
1	区域	省份	客户名称	
2	西南区	四川	成都市同兴达包装印务有限公司	
3	华中区	四川	四川通安达印务有限公司	
4	西南区	四川		
5	西南区	四川		
6	西南区	四川		
7	西南区	四川		
8	西南区	四川		
9	西南区	四川		
10	华北区	四川		
11	西南区	四川		
12	西南区	四川		
13	西北区	四川		
14	西南区	重庆		
15	西南区	重庆		
16				

图 2-120　如何输入长字符串

木木：前面你已经教过我用数据验证——序列，可以用这种方法来做。

卢子：当客户名称的数量不超过 5 个的时候，用序列是最好的选择，但当数量比较大时，在做下拉选择的时候，你还要去找很久，反而更慢。

木木：下拉总比输入要快，除了这个还有更好的方法吗？

卢子：如果需要经常输入客户名称，可以采用自动更正这个功能来实现。

Step 01　如图 2-121 所示，选择"文件"，然后选择"选项"命令。在"Excel 选项"对话框中选择"校对"，再单击"自动更正选项"按钮，在"替换为"文本框中输入客户名称的首字母，更正为客户名称的全称，输入后单击"确定"按钮。

图 2-121　自动更正操作

Step 02 如图 2-122 所示，在单元格输入 TXD 按 Enter 键就变成：成都市同兴达包装印务有限公司，非常方便。

图 2-122　输入首字母即可生成长字符串

木木：输入首字母就完成，比一个个下拉选择更快，不错。

卢子：但自动更正也会有后遗症，以后输入自动更正的字母如 TXD，就会显示默认设置的名称。因此，当客户名称输入完成后，应取消"键入时自动替换"复选框的勾选，如图 2-123 所示。

图 2-123　取消"键入时自动替换"复选框的勾选

知识扩展：

"自动更正"虽然可以实现快速输入长字符串，但是并不完美。其实用函数会更好，没有后遗症，操作上更简单。

如图 2-124 所示，事先输入简写与全称的对应表，然后输入简写用 VLOOKUP 函数来查询。VLOOKUP 函数的详细用法详见后面章节。

图 2-124　用公式引用

课后练习

想一想，对于长字符串还有什么快捷的输入方法？

第3章
强烈推荐使用的 Excel 2016 神技

Excel 2016 的操作界面与 Excel 2013 几乎相同，不过新增加了几个超级好用的功能，在这里单独挑出来说明。学好了，真的可以事半功倍！

跟卢子一起学 Excel
早做完，不加班

Day24　拯救未保存文档居然如此简单

计算机突然死机，表格没来得及保存怎么办？

是不是有种欲哭无泪的感觉？

其实借助 Excel 2016 的一个实用神技就能轻松恢复未保存的文件。

Step 01 打开工作簿，单击"文件"按钮，如图 3-1 所示。

图 3-1　单击"文件"按钮

Step 02 如图 3-2 所示，找到"管理工作簿"选项，单击"恢复未保存的工作簿"按钮。

图 3-2　管理工作簿

Step 03　如图 3-3 所示，在"UnsavedFlies"的文件夹内存放了所有没保存的表格，选择你需要保存的表格，单击"打开并修复"选项。

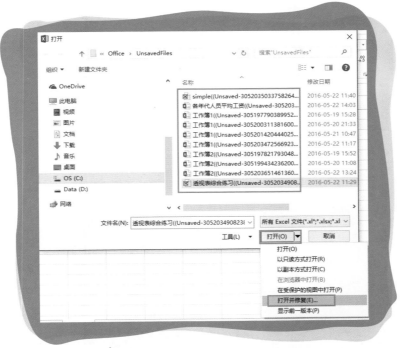

图 3-3　打开并修复需要未保存的工作簿

Step 04　如图 3-4 所示，在弹出的警告对话框中单击"修复"按钮。

图 3-4　修复

这样就能恢复没有保存的工作簿，省去一大堆麻烦事。太贴心的功能，赞一个！

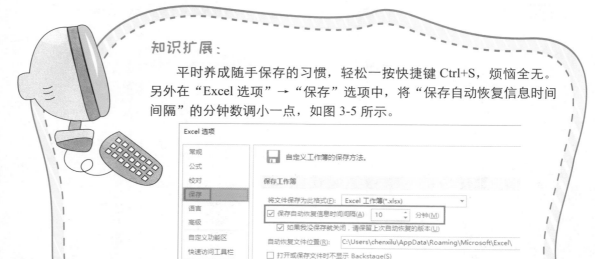

知识扩展：

平时养成随手保存的习惯，轻松一按快捷键 Ctrl+S，烦恼全无。另外在"Excel 选项"→"保存"选项中，将"保存自动恢复信息时间间隔"的分钟数调小一点，如图 3-5 所示。

图 3-5　保存自动恢复信息时间间隔

课后练习

保存的快捷键是 Ctrl+S，另存为的快捷键你知道吗？

 Day25　轻松逆透视，数据巧转置

扫一扫 看视频

有时出于记录数据方便性的考虑，做成如图 3-6 所示左边的形式，但后期处理分析难度很大，如何转换成右边的形式呢？

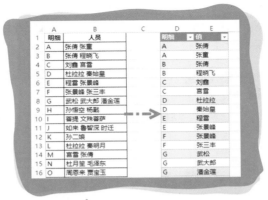

图 3-6　数据拆分转置

实现这样的转换有多种技巧，下面咱们以 Excel 2016 为例，说说具体的操作方法：

Step 01 如图 3-7 所示，单击数据区域任意单元格，切换到"数据"选项卡，再单击"从表格"图标，弹出"创建表"对话框，单击"确定"按钮。

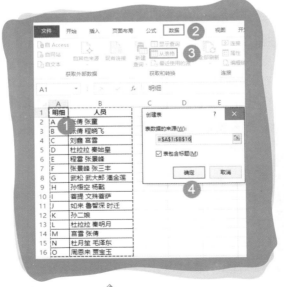

图 3-7　从表格

Step 02 这样 Excel 就会自动将数据区域转换为"表"，并打开"查询编辑器"界面。

如图 3-8 所示，单击人员所在列的列标，切换到"转换"选项卡，依次单击"拆分列"→"按分隔符"命令。

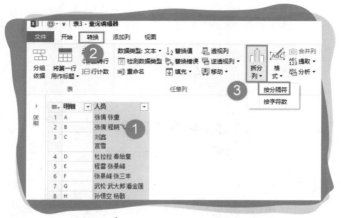

图 3-8　按分隔符拆分列

Step 03 如图 3-9 所示，在按"分隔符拆分列"对话框中，分隔符选择"空格"，单击"确定"按钮。

需要特别说明一点，这里使用分列和在工作表中使用分列有所不同。

如果需要分列的右侧列中还有其他的内容，会自动扩展插入新的列，右侧已有数据列自动后延。而在工作表中使用分列，右侧有数据时则会被覆盖掉。

图 3-9　按空格拆分

Step 04 如图 3-10 所示，按住 Ctrl 键不放，依次选中人员的几个列，在"转换"选项
卡中单击"逆透视列"图标。

图 3-10　逆透视列

Step 05 如图 3-11 所示，右击"属性"列的列标，单击"删除"按钮。

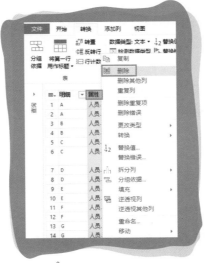

图 3-11　删除属性列

Step 06 如图 3-12 所示，切换到"开始"选项卡，单击"关闭并上载"图标。
这样就转换完毕，如图 3-13 所示。

图 3-12　关闭并上载

图 3-13　转换后效果

这功能是不是很逆天？其他版本想要实现这个效果，要用到超级复杂的公式，或者 VBA，又或者大量的基础操作，但 Excel2016 有了这个新功能，处理数据会变得更加简单。

知识扩展：

现在用分列 + 多重合并计算数据区域 + 双击生成明细表 + 筛选 + 删除行列等操作进行说明，低版本的无奈。

Step 01 选择单元格区域 B2:B16，切换到"数据"选项卡，单击"分列"图标，保持默认不变，单击"下一步"按钮，如图 3-14 所示。

Step 02 勾选"空格"，单击"完成"按钮，如图 3-15 所示。

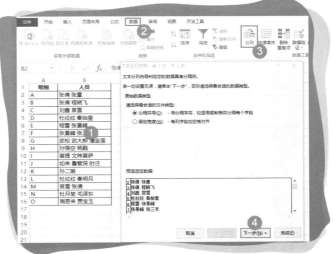

图 3-14　分列

图 3-15　按空格分列

Step 03 这样就按空格将人员拆分到多个单元格中，一个单元格只存放一个人员，如图 3-16 所示。

	A	B	C	D
1	明细	人员		
2	A	张倩	张童	
3	B	张倩	程晓飞	
4	C	刘鑫		
5	D	杜拉拉	秦始皇	
6	E	程雷	张景峰	
7	F	张景峰	张三丰	
8	G	武松	武大郎	潘金莲
9	H	孙悟空	杨戬	
10	I	菩提	文殊菩萨	
11	J	如来	鲁智深	时迁
12	K	孙二娘		
13	L	杜拉拉	秦明月	
14	M	宫雪	张倩	
15	N	杜月笙	毛泽东	
16	O	周恩来	贾宝玉	
17				

图 3-16 按空格分列效果

Step 04 先按 Alt+D 快捷键，再按 P 键，如图 3-17 所示。

图 3-17 使用快捷键

Step 05 弹出"数据透视表和数据透视图向导"对话框，选择"多重合并计算数据区域"单选按钮，单击"下一步"按钮，如图 3-18 所示。

图 3-18　多重合并计算数据区域

Step 06 用鼠标选定区域，单击"下一步"按钮，如图 3-19 所示。

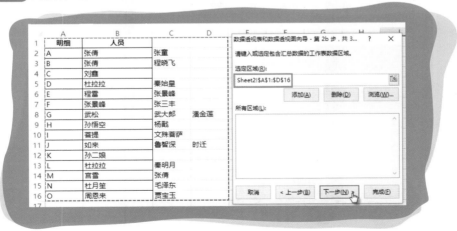

图 3-19　选择区域

Step 07 将数据透视表显示位置为"新工作表"，单击"完成"按钮，如图 3-20 所示。

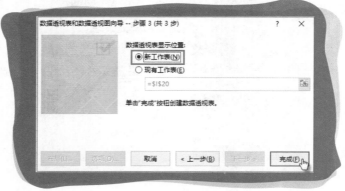

图 3-20 新工作表

Step 08 双击数据透视表两个总计的交叉数字，如图 3-21 所示。

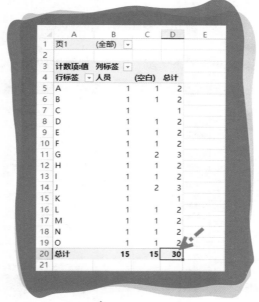

图 3-21 双击

这样就实现了初步的转换，如图 3-22 所示。

Step 09　删除多余的列，如图 3-23 所示。

图 3-22　生成明细表

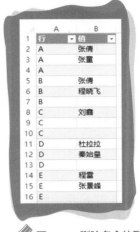

图 3-23　删除多余的列

Step 10　筛选空白，单击"确定"按钮，如图 3-24所示。

Step 11　选择空白区域，右击选择"删除行"，如图 3-25 所示。

图 3-24　筛选

图 3-25　删除行

Step 12 切换到"数据"选项卡，单击"清除"图标，如图 3-26 所示。

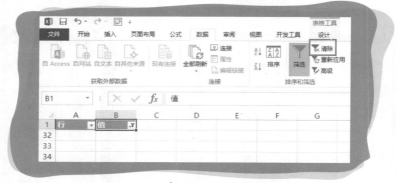

图 3-26 清除

如图 3-27 所示，经过了复杂的 12 个步骤终于完成了转换。如果不是各种操作非常熟练，恐怕很难做到，所以还是 Excel 2016 功能强大。

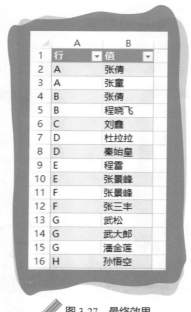

图 3-27 最终效果

课后练习

如图 3-28 所示，如何将表格形式的内容转换成区域？也就是单击单元格内容的时候不会出现"表格工具"。

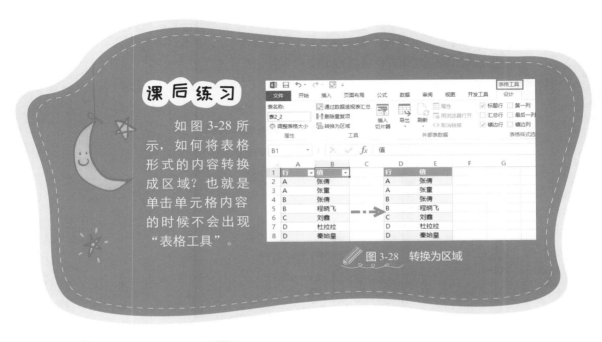

图 3-28　转换为区域

二维表格转换成一维表格原来如此简单

二维表格在后期处理数据的时候没有一维表格方便，如何实现将二维表格转换成一维表格，如图 3-29 所示。

扫一扫 看视频

图 3-29　二维表格转换成一维表格

在 Excel 2016 版出来之前，都是通过先创建一个多重合并计算区域的数据透视表，然后双击数据透视表的汇总项来实现的。

有了 Excel 2016，这个方法就要成为历史了。

Step 01 如图 3-30 所示，单击数据区域任意单元格，切换到"数据"选项卡，再单击"从表格"图标，弹出"创建表"的对话框，单击"确定"按钮。

图 3-30　从表格

Step 02 这样 Excel 就会自动将数据区域转换为"表"，并打开"查询编辑器"界面。

如图 3-31 所示，单击班级任意单元格，切换到"转换"选项卡，单击"逆透视列"图标，选择"逆透视其他列"选项。

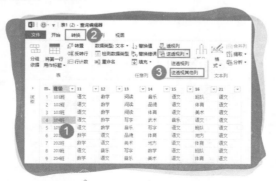

图 3-31　逆透视其他列

Step 03 如图 3-32 所示，切换到"开始"选项卡，单击"关闭并上载"图标。这样就转换成功，如图 3-33 所示。

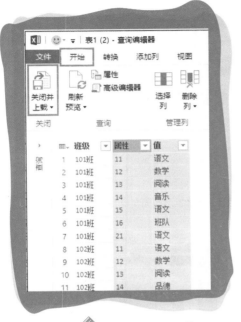

图 3-32　关闭并上载

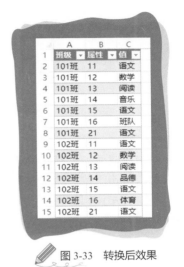

图 3-33　转换后效果

知识扩展：

上一个案例讲了可以通过多重合并计算数据区域来实现，但是这个快捷键 Alt+D 再按 P 比较特殊，不少人按不好，如果能够直接调用这个功能会更便捷。

"数据透视表和数据透视图向导"是一个超级好用的功能。单击"快速访问工具栏"，从下列位置选择名称：选择不在功能区的命令，找到"数据透视表和数据透视图向导"，单击"添加"按钮，最后单击"确定"按钮。即可完成"数据透视表和数据透视图向导"功能的添加，如图 3-34 所示。

图 3-34　添加"数据透视表和数据透视图向导"

添加完成后，直接在快速访问工具栏就能看到。单击"数据透视表和数据透视图向导"图标，接下来的操作与上一节内容一样，如图 3-35 所示。

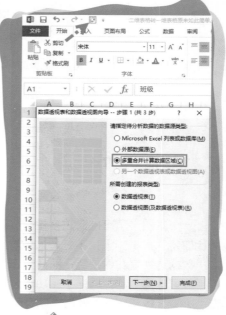

图 3-35　快速访问工具栏

课后练习

如图 3-36 所示，"开发工具"也是一个使用频率很高的功能，该如何添加进去呢？

图 3-36　开发工具

 Day27　告别复制粘贴，轻松玩转多工作表合并

年中了，老板让你将 1 ~ 6 月份的所有数据合并在一起，并提交上去，如图 3-37 所示。

扫一扫 看视频

	A	B	C	D	E
1	销售人员	商品	销售量		
2	曹泽鑫	彩电	65		
3	刘敬堃	冰箱	80		
4	周德宇	电脑	86		
5	周德宇	相机	83		
6	曹泽鑫	彩电	80		
7	王腾宇	冰箱	63		
8	周德宇	彩电	6		
9	王学敏	电脑	69		
10	周德宇	相机	28		
11	周德宇	彩电	45		
12	周德宇	相机	69		
13	房天璐	空调	19		

汇总　1月　2月　3月　4月　5月　6月

图 3-37　合并表格

正常的操作是这样的：

打开 1 月，复制，打开汇总表粘贴；

再打开 2 月，复制，打开汇总表粘贴；

……

还好现在只有 6 张表，如果是 60 张呢？你是不是很想哭？

复制到手酸不说，而且很容易出错。当然如果会 VBA 或者 SQL 也可以实现，不过这个实在太难了。

现在好了，有了 Excel 2016，让你轻松搞定多表合并的问题。

Step 01 切换到"数据"选项卡，依次单击"新建查询"→"从文件"→"从工作簿"命令，如图 3-38 所示。

图 3-38　从工作簿

Step 02 浏览到指定的工作簿，单击"导入"按钮，如图 3-39 所示。

图 3-39　导入工作表

Step 03 勾选"选择多项"复选框，同时勾选 1 ~ 6 月份复选框，单击"编辑"按钮，如图 3-40 所示。

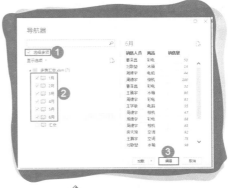

图 3-40　选择多项

Step 04 单击"追加查询"图标，如图 3-41 所示。

图 3-41　追加查询

Step 05 选择"三个或更多表"单选按钮，按住 Ctrl 键选择 2 ~ 6 月，单击"添加"按钮，再单击"确定"按钮，如图 3-42 所示。

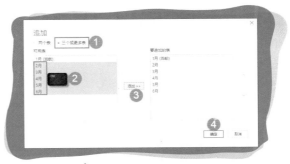

图 3-42　追加三个或更多表

这样就将 1 ～ 6 月份的表格合并在一个表格中，如图 3-43 所示。

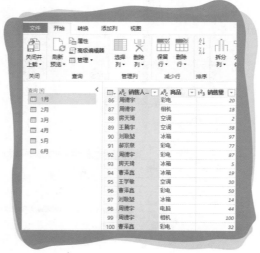

图 3-43　所有表格已经合并

Step 06 单击"关闭并上载"图标，如图 3-44 所示。

最终效果如图 3-45 所示。

图 3-44　关闭并上载

图 3-45　最终效果

知识扩展：

　　这个功能很强大，但是更强大的功能还在后面。实际工作中会经常增加表格，上半年是 6 个表，以后还会每个月增加 1 个表，而新增的表格要智能地合并进去。

　　同样是这个功能，只是步骤略有差异，但效果却是非常棒！

Step 01　切换到"数据"选项卡，依次单击"新建查询"→"从文件"→"从工作簿"命令，如图 3-46 所示。

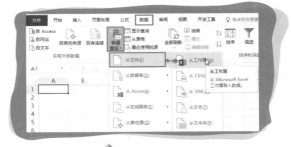

图 3-46　从工作簿

Step 02　浏览到指定的工作簿，单击"导入"按钮，如图 3-47 所示。

图 3-47　导入工作簿

Step 03 单击"多表汇总 .xlsx[6]", 这个意思就是代表这个工作簿有 6 个工作表, 再单击"编辑"按钮, 如图 3-48 所示。

这时会出现很多列内容, 只有一列是我们需要的, 就是 Data, 这个是要查询的详细数据, 如图 3-49 所示。

图 3-48　选择多表汇总

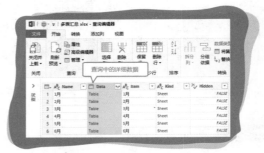

图 3-49　查询中的详细数据

Step 04 选择 Data 这一列, 右击, 然后选择"删除其他列"选项, 如图 3-50 所示。

图 3-50　删除其他列

Step 05 选择"扩展"单选项, 再单击"确定"按钮, 如图 3-51 所示。

图 3-51　扩展按钮

展开后，就可以看到所有表格的数据，如图 3-52 所示。

图 3-52　展开后

Step 06 单击"将第一行用作标题"，如图 3-53 所示。

图 3-53　将第一行用作标题

合并的时候会将所有表格的标题也复制过来，而我们只需要一个，如图 3-54 所示。

图 3-54　多余标题

Step 07 单击"销售量"的筛选按钮，取消勾选"销售量"复选框，单击"确定"按钮，如图 3-55 所示。

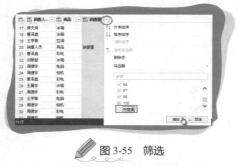

图 3-55　筛选

Step 08 单击"关闭并上载"图标，如图 3-56 所示。这样就将所有表格合并在一张新表格中，如图 3-57 所示。

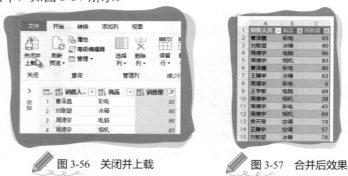

图 3-56　关闭并上载　　　　　　　图 3-57　合并后效果

Step 09 现在新增加 7 月份的数据，如图 3-58 所示。

Step 10 右击，选择"刷新"选项，如图 3-59 所示。

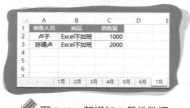

图 3-58　新增加 7 月份数据

图 3-59　刷新

这样即可智能更新 7 月份的数据到合并表，如图 3-60 所示。

一劳永逸，以后再也不用担心多表合并了。

图 3-60　智能更新

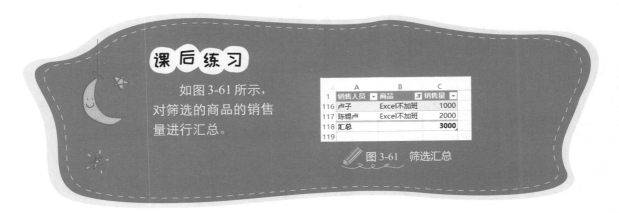

课后练习

如图 3-61 所示，对筛选的商品的销售量进行汇总。

	A 销售人员	B 商品	C 销售量
116	卢子	Excel不加班	1000
117	陈锡卢	Excel不加班	2000
118	汇总		3000
119			

图 3-61　筛选汇总

Day28　一招轻松搞定多工作簿合并

扫一扫 看视频

我们知道多工作表合并很厉害，其实还可以进行多工作簿合并。

在多工作簿汇总文件夹中有多个工作簿，现在不仅要进行合并，而且还要能够自动更新数据。

Step 01 切换到"数据"选项卡，依次单击"新建查询"→"从文件"→"从文件夹"命令，如图3-62所示。

图3-62 从文件夹

Step 02 浏览到指定的文件夹，单击"确定"按钮，如图3-63所示。

图3-63 浏览到文件夹

Step 03 单击"编辑"按钮，如图3-64所示。

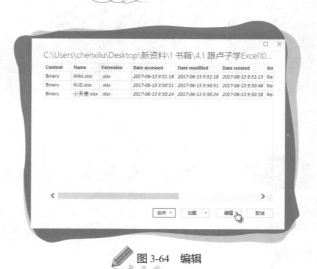

图3-64 编辑

Step 04 切换到"添加列"选项卡，单击"自定义列"图标，如图 3-65 所示。

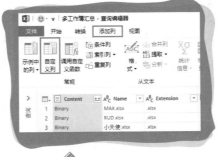

图 3-65　自定义列

Step 05 输入自定义列公式，注意，你所输入的大小写字符需要与下方公式中的大小写完全一致，再单击"确定"按钮，如图 3-66 所示。

```
=Excel.Workbook([Content])
```

这个公式的意思就是将文件夹中的全部 Excel 工作簿放入编辑器中。

Step 06 单击自定义列旁边的"扩展"按钮，再单击"确定"按钮，如图 3-67 所示。

图 3-66　输入公式

图 3-67　扩展 1

Step 07 单击自定义列旁边的"扩展"按钮，再单击"确定"按钮，如图 3-68 所示。

Step 08 这时会出现很多列内容，选择我们需要的列，右击，选择"删除其他列"选项，如图 3-69 所示。

图 3-68 扩展 2

图 3-69 删除其他列

Step 09 单击"将第一行用作标题"图标，如图 3-70 所示。

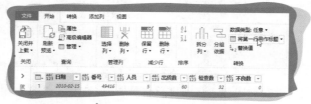

图 3-70 将第一行用作标题

Step 10 单击"不良数"的筛选按钮，取消勾选"不良数"复选框，单击"确定"按钮，如图 3-71 所示。

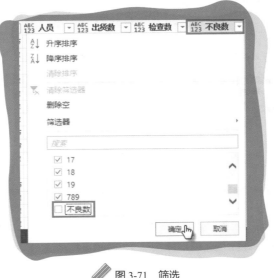

图 3-71　筛选

Step 11 单击"关闭并上载"图标，如图 3-72 所示。

这样就将所有工作簿的内容合并起来了，如图 3-73 所示。

图 3-72　关闭并上载

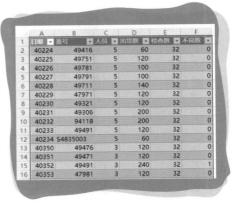

图 3-73　多工作簿合并效果

知识扩展：

现在新增加了"卢子"这个工作簿，如图 3-74 所示。

> 新资料 > 1 书籍 > 4.1 跟卢子学Excel100天 > 多工作簿汇总

名称

MAX.xlsx
RUD.xlsx
卢子.xlsx
小天使.xlsx

图 3-74　新增加工作簿

右击单元格选择"刷新"选项，如图 3-75 所示。

图 3-75　刷新

这样就将新增加的内容合并起来了，如图 3-76 所示。

	日期 ▼	番号 ▼	人员 ▼	出货数 ▼	检查数 ▼	不良数 ▼
266	40565	43020	6	570	80	0
267	40566	34112	6	440	50	0
268	40567	93436	6	414	50	0
269	42736	11111	1	1	1	0
270	42736	22222	1	2	2	0

图 3-76　智能更新

在导入的过程中，日期被变成数字格式，需要重新设置单元格格式。选择 A 列，按快捷键 Ctrl+1，调出"设置单元格格式"对话框，设置日期格式为 3-14，单击"确定"按钮，如图 3-77 所示。

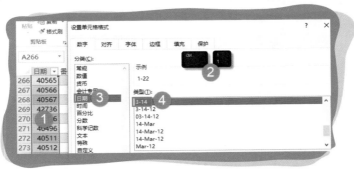

图 3-77　设置日期格式

课后练习

如图 3-78 所示，有的时候我们的数据并不是 Excel 的形式而是记事本，对于这种如何合并起来？

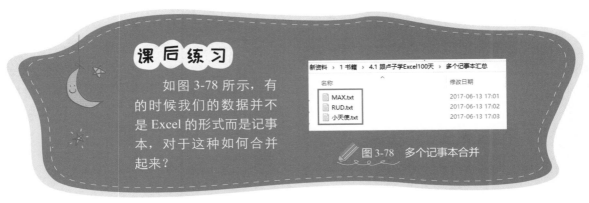

图 3-78　多个记事本合并

新资料 › 1 书籍 › 4.1 跟卢子学 Excel100天 › 多个记事本汇总

名称	修改日期
MAX.txt	2017-06-13 17:01
RUD.txt	2017-06-13 17:02
小天使.txt	2017-06-13 17:03

合并过来后，A 列保留原记事本的名称，如图 3-79 所示。

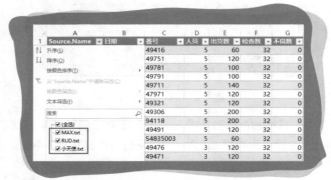

图 3-79 合并后效果

第 4 章

让老板 5 秒钟看懂你的表格

数据录入速度提高，接下来就是对一些数据进行强调显示，达到重点突出、视觉美化的效果。我们做表格更多的时候是呈现给领导或者老板看的，要让人第一时间就能看懂。如果 5 秒钟内看不懂你的表格，那你就得好好反省！

跟卢子一起学 Excel

早做完，不加班

Day29　只需两招让你的表格瞬间变得高大上

❓ 木木：如图 4-1 所示，这是我做的表格，感觉好难看啊，如何将表格做得高大上一点？

	A	B	C	D	E	F	G	H
1								
2	日期	地区	销售部门	销售员代码	商品	数量	单价	金额
147	2017-4-25	香港	一部	A00005	笔记本	16	22	352
148	2017-4-25	广州	二部	A00006	订书机	28	12	336
149	2017-4-25	深圳	三部	A00001	铅笔	64	6	384
150	2017-4-26	深圳	二部	A00002	订书机	15	12	180
151	2017-4-26	广州	一部	A00003	钢笔	96	32	3072
152	2017-4-27	香港	四部	A00004	钢笔	67	32	2144
153	2017-4-28	深圳	一部	A00006	笔记本	74	22	1628
154	2017-4-30	广州	三部	A00004	订书机	46	12	552
155	2017-4-30	广州	二部	A00005	铅笔	87	6	522
156	汇总							144365

✏️ 图 4-1　原始表

🧑 卢子：什么叫高大上？

（1）隔行填充，数据直观；

（2）动态汇总，无需烦恼；

（3）智能筛选，快捷方便。

现在对你这张表进行剖析。

最后一行，用公式进行汇总：

```
=SUM(H3:H155)
```

很多人，包括卢子在内，会经常使用这个公式。使用这个公式，可以让表格实现智能统计，值得夸两句！但是，对于数据源经常变动的情况，出错在所难免。

如图 4-2 所示，现在 5 月份增加了 10 条记录，要放在总表中。

	A	B	C	D	E	F	G	H
1	日期	地区	销售部门	销售员代码	商品	数量	单价	金额
2	2017-5-1	广州	二部	A00004	钢笔	2	32	64
3	2017-5-2	香港	一部	A00005	笔记本	16	22	352
4	2017-5-3	广州	二部	A00006	订书机	28	12	336
5	2017-5-4	深圳	三部	A00001	铅笔	64	6	384
6	2017-5-5	深圳	二部	A00002	订书机	15	12	180
7	2017-5-6	广州	一部	A00003	钢笔	96	32	3072
8	2017-5-7	香港	四部	A00004	钢笔	67	32	2144
9	2017-5-8	深圳	一部	A00006	笔记本	74	22	1628
10	2017-5-9	广州	二部	A00004	订书机	46	12	552
11	2017-5-10	广州	二部	A00005	铅笔	87	6	522

图 4-2　增加的数据

如图 4-3 所示，粘贴过来，发现总金额没有更新。

日期	地区	销售部门	销售员代码	商品	数量	单价	金额
2017-4-28	深圳	一部	A00006	笔记本	74	22	1628
2017-4-30	广州	三部	A00004	订书机	46	12	552
2017-4-30	广州	二部	A00005	铅笔	87	6	522
2017-5-1	广州	二部	A00004	钢笔	2	32	64
2017-5-2	香港	一部	A00005	笔记本	16	22	352
2017-5-3	广州	二部	A00006	订书机	28	12	336
2017-5-4	深圳	三部	A00001	铅笔	64	6	384
2017-5-5	深圳	二部	A00002	订书机	15	12	180
2017-5-6	广州	一部	A00003	钢笔	96	32	3072
2017-5-7	香港	四部	A00004	钢笔	67	32	2144
2017-5-8	深圳	一部	A00006	笔记本	74	22	1628
2017-5-9	广州	三部	A00004	订书机	46	12	552
2017-5-10	广州	二部	A00005	铅笔	87	6	522
汇总							144365

图 4-3　粘贴后金额没有更新

现在我们将新增加的汇总跟粘贴过来的数据全部删除，重新来过，手把手教你做表。

第一招：表格

表格，人称超级表，功能实在是太强大了。

如图 4-4 所示，选择表格所在区域的任一单元格，比如 A2，依次单击"插入"→"表格"命令，确认是否已经勾选"表包含标题"复选框，然后单击"确定"按钮。如果快

捷键熟练，也可以直接按 Ctrl+T 快捷键。瞬间就实现了隔行填充颜色。

图 4-4　插入表格

其实插入表格就相当于给表格穿一件衣服，每个人的喜好都不同，你喜欢蓝色，别人可能喜欢粉色。如果不喜欢这套衣服的颜色，那就换一个颜色。在"设计"选项卡里，可以选择你喜欢的样式，如图 4-5 所示。

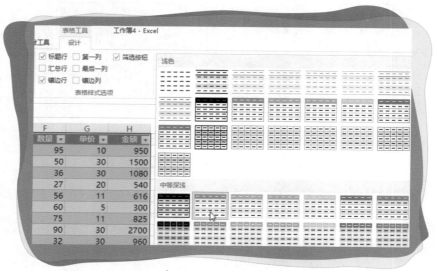

图 4-5　更换表格样式

接下来就看如何动态求和。

如图 4-6 所示，在"设计"选项卡勾选"汇总行"复选框，表格就会自动帮你汇总。

日期	地区	销售部门	销售员代码	商品	数量	单价	金额
2017-4-25	广州	二部	A00004	钢笔	2	32	64
2017-4-25	香港	一部	A00005	笔记本	16	22	352
2017-4-25	广州	二部	A00006	订书机	28	12	336
2017-4-25	深圳	三部	A00001	铅笔	64	6	384
2017-4-26	深圳	二部	A00002	订书机	15	12	180
2017-4-26	广州	一部	A00003	钢笔	96	32	3072
2017-4-27	香港	四部	A00004	钢笔	67	32	2144
2017-4-28	深圳	二部	A00006	笔记本	74	22	1628
2017-4-30	广州	三部	A00004	订书机	46	12	552
2017-4-30	广州	二部	A00005	铅笔	87	6	522
汇总							144365

图 4-6　自动汇总

如图 4-7 所示，复制新增加的内容，选择表格的区域 A156:H156，依次单击"插入"→"插入复制的单元格"命令。

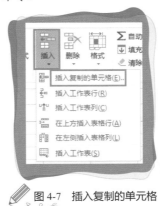

图 4-7　插入复制的单元格

如图 4-8 所示，神奇的一幕发生了，总金额自动更新！

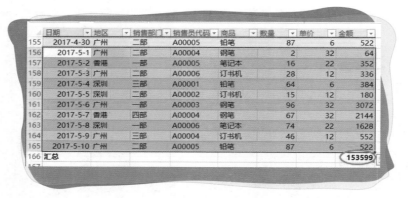

图 4-8　自动更新

更神奇的还在后面，不要着急，慢慢看。

第二招：插入切片器

正常情况下，我们筛选都是直接单击"筛选"按钮，不过有点 OUT 了。现在插入切片器，选择地区和商品两个条件进行筛选，如图 4-9 所示。

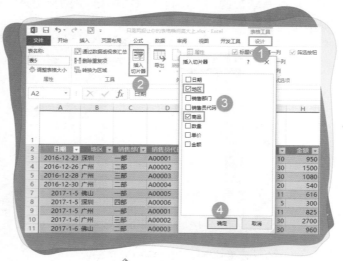

图 4-9　插入切片器

直接插入后效果如图 4-10 所示。

图 4-10 切片器效果

现在对这个切片器进行各种调整，设置列、高度和宽度，效果如图 4-11 所示。

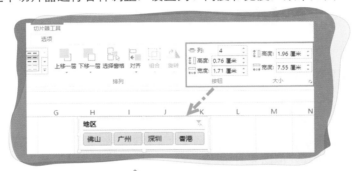

图 4-11 设置切片器

再对另一个进行同样的设置，最终效果如图 4-12 所示。

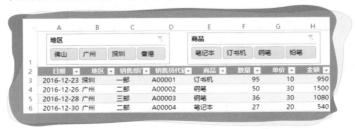

图 4-12 设置后效果

现在要统计某个地区的商品金额,只需将鼠标左键单击一下切片器的内容即可,如图 4-13 所示。

图 4-13　切片器筛选效果

知识扩展：

正常情况下,直接单击切片器只能选择一个内容。如果要对多个内容进行筛选,可以按住 Ctrl 键进行选择,如图 4-14 所示。

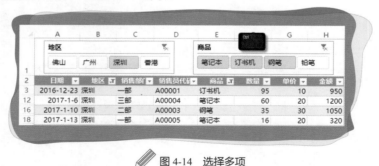

图 4-14　选择多项

如果对切片器的样式不满意,也可以重新进行设置,如图 4-15 所示。

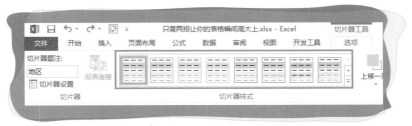

图 4-15　设置切片器样式

课后练习

如图 4-16 所示,对表格和切片器重新设置样式,筛选广州和深圳笔记本的明细。

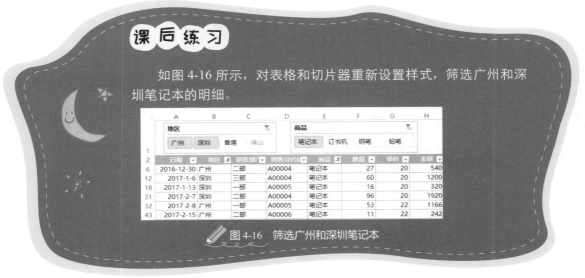

图 4-16　筛选广州和深圳笔记本

Day30　日程表让日期展示更拉风

扫一扫 看视频

木木:如图 4-17 所示,这是我用数据透视表汇总出来的表格。

如图 4-18 所示,这种表格如果要选择某一段时间非常费劲,有没有更加便捷的方法?

卢子：对于这种别说是老板，就是我们自己操作头都大。

如图 4-19 所示，正常我们可以按日期进行各种筛选。

日期	广州	杭州	南京	上海	深圳	武汉	总计
2014-1-1		26					26
2014-1-2		23					23
2014-1-3				20			20
2014-1-4				28			28
2014-1-5		48					48
2014-1-6		45					45
2014-1-7	25						25
2014-1-8						44	44
2014-1-9						27	27
2014-1-10					18		18
2014-1-11					25		25
2014-1-12				35			35

图 4-17　数据透视表汇总

图 4-18　筛选

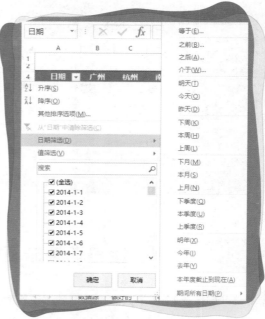

图 4-19　日期筛选

我们知道切片器非常直观，其实还有一个功能类似于切片器，那就是日程表。

Step 01　单击数据透视表任意单元格，切换到"分析"选项卡，单击"插入日程表"，如图 4-20 所示。

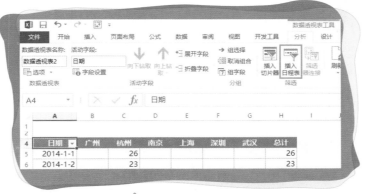

図 4-20　插入日程表

Step 02　勾选"日期"复选框，单击"确定"按钮，如图 4-21 所示。

図 4-21　勾选日期

Step 03　设置日程表样式与数据透视表颜色统一，如图 4-22 所示。

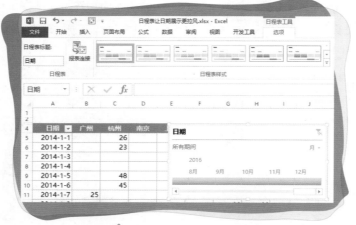

图 4-22 设置日程表样式

如果要选择 6 月，直接用鼠标单击即可，如图 4-23 所示。

图 4-23 按月份筛选

如果要选择 6-7 月，直接用鼠标拖动即可，如图 4-24 所示。

图 4-24 选择多个月

　　日程表不仅可以按月筛选，还可以按年、季度和日进行筛选，非常方便，如图 4-25 所示。

图 4-25　切换筛选条件

知识扩展：

　　如果我们要从年和季度两个条件进行筛选，一个日程表不够用，这时就可以选择日程表，复制粘贴变成 2 个日程表，如图 4-26 所示。

图 4-26　复制粘贴

　　将第 2 个日程表的筛选条件改成季度，单击第 3 季度，就实现了按年和季度 2 个条件进行筛选，如图 4-27 所示。

图 4-27 筛选 2015 年第 3 季度

课后练习

如图 4-28 所示，筛选 2015 年 3 ～ 6 月的数据。

图 4-28 筛选 2015 年 3 ～ 6 月

Day31 懂你心的快速分析

扫一扫 看视频

卢子：木木，这里有一份学生的成绩表，如图 4-29 所示，如果让你把成绩大于 85 分的用颜色标示出来，你是怎么操作的？

木木：用眼睛看，如果大于 85 分的，我就用填充色标示出来。

卢子：如果只有几个人的话，可以用这种，但对于几百人的成绩或者更多，这种方法显然是不明智的。

Step 01 如图 4-30 所示，选择区域 B2:B16，单击"快速分析"工具。

	A	B	C
1	姓名	成绩	
2	陈小琴	54	
3	伍占丽	58	
4	王婵凤	79	
5	程凤	67	
6	李永琴	71	
7	张孟园	86	
8	王艳萍	53	
9	叶丽翠	64	
10	宋蕾	56	
11	宋凤	84	
12	郭燕华	56	
13	王星	78	
14	蔡婧	90	
15	伍运娥	72	
16	陈秀红	79	
17			

图 4-29 学生成绩表

	A	B	C	D
1	姓名	成绩		
2	陈小琴	54		
3	伍占丽	58		
4	王婵凤	79		
5	程凤	67		
6	李永琴	71		
7	张孟园	86		
8	王艳萍	53		
9	叶丽翠	64		
10	宋蕾	56		
11	宋凤	84		
12	郭燕华	56		
13	王星	78		
14	蔡婧	90		
15	伍运娥	72		
16	陈秀红	79		
17				
18				
19				
20				
21				

快速分析(Ctrl+Q)
使用快速分析工具可通过一些最有用的 Excel 工具(例如，图表、颜色代码和公式)快速、方便地分析数据。

图 4-30 快速分析

Step 02 如图 4-31 所示，将鼠标指针放在"大于"的图标上面，就会标示颜色，但默认的效果明显不是我们所需要的。

图 4-31　设置快速分析

Step 03　如图 4-32 所示，在"为大于以下值的单元格设置格式"的文本框输入 85，单击"确定"按钮。

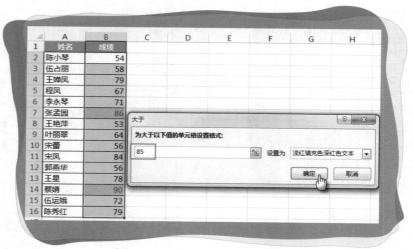

图 4-32　为大于 85 的单元格设置颜色

假如现在要按其他条件进行颜色设置，就需要先单击"清除格式"图标，如图 4-33 所示。

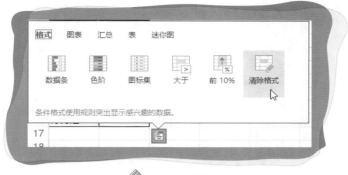

图 4-33　清除格式

现在要前 10%，就单击 10%，如图 4-34 所示。

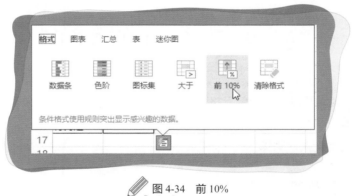

图 4-34　前 10%

知识扩展：

Step 01　如图 4-35 所示，选择区域 B2:B16，单击"条件格式"图标，选择"突出显示单元格规则"选项，再单击"大于"图标。

图4-35 使用条件格式

Step 02 在"为大于以下值的单元格设置格式"的文本框输入 85，单击"确定"按钮，如图 4-36 所示。

图4-36 为大于85的单元格设置颜色

"快速分析"跟"条件格式"其实差不多，只是更加方便而已。

课后练习

如图 4-37 所示，将成绩小于 60 分的，设置红色填充色。

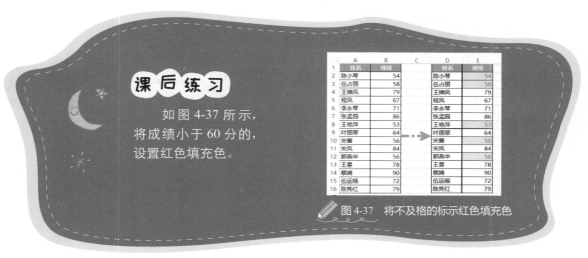

图 4-37　将不及格的标示红色填充色

 Day32　快速标记前 5 名的成绩

扫一扫 看视频

 木木：如图 4-38 所示，虽然快速分析好用，但这里只提供了前 10%。如果将这里成绩是前 5 名的标示出来，怎么做？

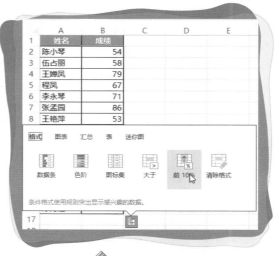

图 4-38　前 10%

卢子：也可以借助"条件格式"完成。因为前面已经设置了条件格式，为了不互相影响，先清除规则，再处理。

Step 01　如图 4-39 所示，选择区域 B2:B16，单击"条件格式"图标，选择"清除规则"选项，再选择"清除所选单元格的规则"选项。

图 4-39　清除所选单元格的规则

Step 02　如图 4-40 所示，选择区域 B2:B16，单击"条件格式"图标，选择"项目选取规则"选项，再选择"前 10 项"选项。

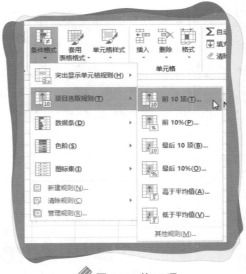

图 4-40　前 10 项

Step 03 如图 4-41 所示，在"为值最大的那些单元格设置格式"的文本框中输入 5，单击"确定"按钮。

图 4-41　设置前 5 项

木木："条件格式"这里有好多功能，卢子，你再讲几个学习下。

知识扩展：

最好的与最坏的往往给人印象深刻，现在要将最差的 5 个人也用填充色标示出来。

如图 4-42 所示，选择区域 B2:B16，单击"条件格式"图标，选择"项目选取规则"选项，再选择"最后 10 项"选项。

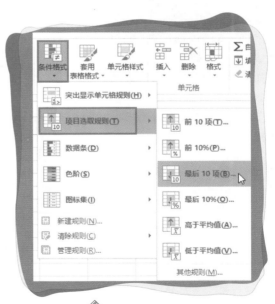

图 4-42　最后 10 项

如图 4-43 所示，在"为值最小的那些单元格设置格式"的文本框中输入 5，单击
"确定"按钮。现在最好的 5 名与最坏的 5 名都用颜色填充了。

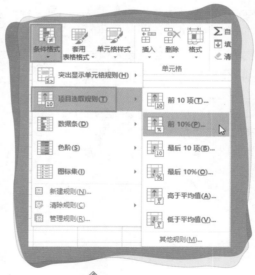

图 4-43　设置后 5 项

同理，刚刚的前 10% 如果
要改成 5% 也可以。

如图 4-44 所示，选择区域
B2:B16，单击"条件格式"图
标，选择"项目选取规则"选项，
再选择"前 10%"选项。

图 4-44　前 10%

如图 4-45 所示，在"为值最大的那些单元格设置格式"的文本框中输入 5，单击"确定"按钮。

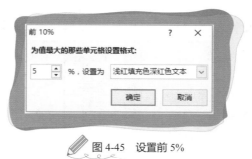

图 4-45 设置前 5%

 课后练习

如图4-46所示，将低于平均值的成绩设置为绿色填充色。

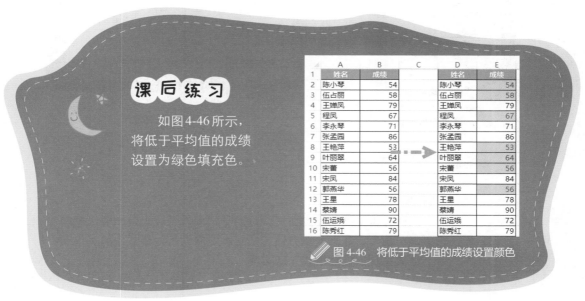

图 4-46 将低于平均值的成绩设置颜色

Day33 1秒标示重复的姓名

扫一扫 看视频

卢子：木木，如图 4-47 所示，现在如果让你把重复的姓名标示出来，你会操作吗？

木木： 如图 4-48 所示，选择区域 A2:A16，单击"快速分析"工具，单击"重复的值"
图标，瞬间完成，非常简单。

图 4-47　姓名表

图 4-48　重复的值

知识扩展：

　　快速分析系列功能实在是太好用了，如果想标示唯一值，就单击"唯一值"，非常简单方便。低版本要借助条件格式中的"仅对唯一值或重复值设置格式"来实现。

Step 01　如图 4-49 所示，选择区域 A2:A16，单击"条件格式"图标，选择"新建规则"
选项。

Step 02　如图 4-50 所示，选择"仅对唯一值或重复值设置格式"选项，再单击"格式"
按钮。

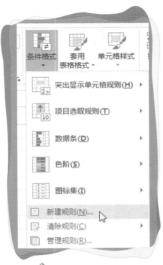

图 4-49　新建规则

图 4-50　仅对唯一值或重复值设置格式

Step 03　如图 4-51 所示，弹出"设置单元格格式"对话框，切换到"填充"选项卡，选择红色填充色，单击"确定"按钮。

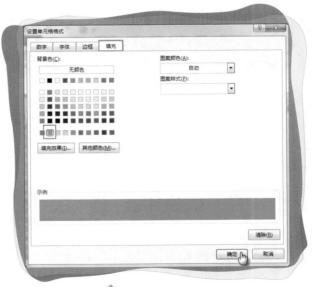

图 4-51　设置填充色

Step 04 如图 4-52 所示，单击"确定"按钮，效果就出来了。

图 4-52　标示重复值效果

课后练习

如图 4-53 所示，对比两列的姓名，将同一行姓名不一样的用填充色标示起来。

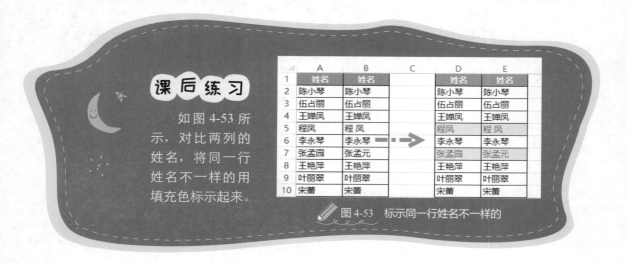

图 4-53　标示同一行姓名不一样的

Day34　借助公式将语文成绩高于数学成绩的标示出来

扫一扫 看视频

📖 卢子：前面说的这些都是直接设置，如图 4-54 所示，现在要将语文成绩高于数学成绩的标示出来，直接设置找不到这个功能，这时就得设置公式了。设置公式非常灵活，可以实现各种各样的效果。

Step 01　如图 4-55 所示，选择区域 A2:C14，单击"条件格式"图标，选择"新建规则"选项。

▲	A	B	C	D
1	姓名	语文	数学	
2	陈小琴	80	54	
3	伍占丽	61	49	
4	王婵凤	93	49	
5	程凤	93	40	
6	李永琴	78	78	
7	张孟园	92	70	
8	王艳萍	96	87	
9	叶丽翠	45	93	
10	宋蕾	99	76	
11	郭燕华	75	54	
12	王星	49	75	
13	蔡婧	98	72	
14	伍运娥	45	65	
15				

✏️ 图 4-54　成绩表

✏️ 图 4-55　新建规则

Step 02　如图 4-56 所示，选择"使用公式确定要设置格式的单元格"选项，设置下面的公式，然后单击"格式"按钮。

```
=$B2>$C2
```

Step 03　如图 4-57 所示，弹出"设置单元格格式"对话框，切换到"填充"选项卡，选择绿色填充色，单击"确定"按钮。返回"编辑格式规则"对话框，单击"确定"按钮，满足条件的自动显示填充色。

图 4-56　设置公式

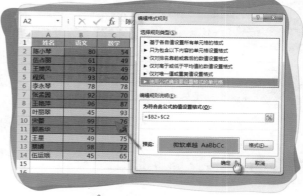

图 4-57　编辑格式规则

知识扩展：

如图 4-58 所示，现在新增加了 2 个人，对于这种情况，我们都要重新设置边框。如果再增加 3 个，又得重新设置边框，非常麻烦。

	A	B	C
1	姓名	语文	数学
2	陈小琴	80	54
3	伍占丽	61	49
4	王婵凤	93	49
5	程凤	93	40
6	李永琴	78	78
7	张孟园	92	70
8	王艳萍	96	87
9	叶丽翠	45	93
10	宋蕾	99	76
11	郭燕华	75	54
12	王星	49	75
13	蔡婧	98	72
14	伍运娥	45	65
15	卢子		
16	陈扬卢		

图 4-58　新增加内容

如图 4-59 所示，一般想到的偷懒方法就是选择 A:C 列，然后设置边框，这样就不用再设置。

不过这种方式一般不提倡，有的时候我们会觉得表格很卡，就是因为整行整列设置边框、填充色等格式。

其实对于这种，也可以通过设置条件格式来实现。

如图 4-60 所示，选择区域 A1:C100，设置条件格式，输入公式，并设置边框线，操作步骤与前面相同。

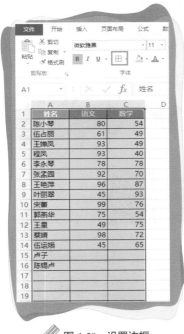

图 4-59　设置边框

图 4-60　输入公式

如图 4-61 所示，现在只要 A 列有内容，就会自动添加边框。

图 4-61　自动添加边框

课后练习

如图 4-62 所示，怎么设置只要增加姓名或者增加科目，就能智能地在行列添加边框。

扫一扫 看答案

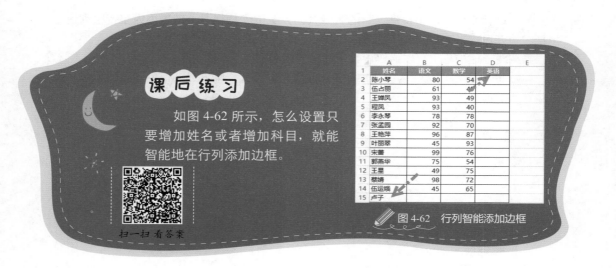

✏ 图 4-62　行列智能添加边框

Day35　**一目了然的数据条**

扫一扫 看视频

👆 卢子：如图 4-63 所示，是一份销售地区付款金额汇总表，给你 2 秒钟，你能找到最大金额和最小金额吗？

	A	B
1	**销售地区**	**付款金额**
2	广州	42071.8
3	杭州	1261576.45
4	南京	529845.59
5	上海	1801663.37
6	深圳	22813.2
7	武汉	38845
8		

✏ 图 4-63　销售地区付款金额汇总表

❓ 木木：这个难度有点大，如果给我 10 秒钟，我可以找出最大金额跟最小金额。

👆 卢子：现在才 6 个数据，如果是 10 个或者更多呢，你还能在同样的时间内找出来吗？

❓ 木木：没办法啦，一个个对比，看得眼睛都花了。

👆 卢子：其实直接看数据是很难看出来的，而通过图形化却能够一目了然。

如图 4-64 所示，选择区域 B2:B7，单击"快速分析"工具，单击"数据条"图标，就能一眼看出最大金额跟最小金额。

如图 4-65 所示，用鼠标将列宽调整大，数据条也会跟着变长，非常智能。

图 4-64　数据条

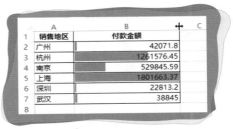

图 4-65　调整列宽

假如对数据条的颜色不满意，也可以重新设置。

如图 4-66 所示，单击"条件格式"→"数据条"命令，选择自己喜欢的颜色。

图 4-66　设置颜色

知识扩展：

有的时候我们并不需要知道具体的金额，只需显示数据条就行。

Step 01 如图 4-67 所示，依次单击"条件格式"→"管理规则"命令。

Step 02 如图 4-68 所示，单击"编辑规则"按钮。

图 4-67　管理规则

图 4-68　编辑规则

Step 03 如图 4-69 所示，勾选"仅显示数据条"复选框，单击"确定"按钮。

如图 4-70 所示，就是简洁型数据条。

图 4-69　仅显示数据条

图 4-70　简洁型数据条

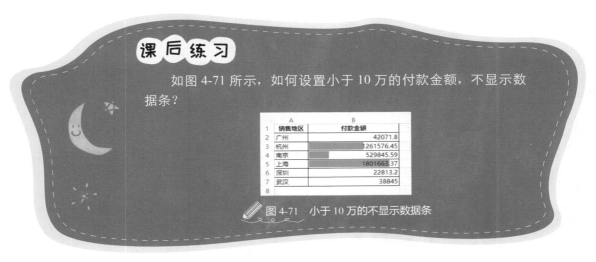

课后练习

如图 4-71 所示，如何设置小于 10 万的付款金额，不显示数据条？

图 4-71　小于 10 万的不显示数据条

Day36　迷人的迷你图

扫一扫 看视频

🔍 木木：如图 4-72 所示，每个产品上半年的销售数量，是用数据条来制作的。如果是对比同一个月份的产品很直观，但如果是比较单独的产品上半年的销售量，虽然可以看出来，但不太直观。有没有更好的办法？

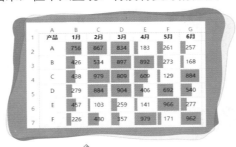

图 4-72　数据条

💡 卢子：数据条就类似于条形图，如果换成柱形图就能非常直观地比较了。这么多产

品直接插入柱形图显然是不明智的，恰好有一个迷你图的功能，可以设置小型的柱形图，非常好用。

Step 01 如图 4-73 所示，选择区域 H2:H7，切换到"插入"选项卡，单击迷你图中的"柱形图"。

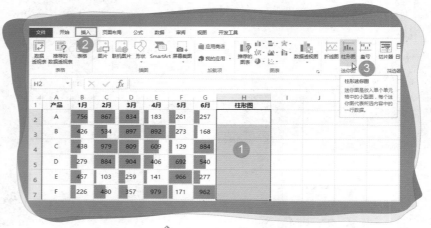

图 4-73　插入迷你图

Step 02 如图 4-74 所示，选择数据范围 B2:G7，单击"确定"按钮。

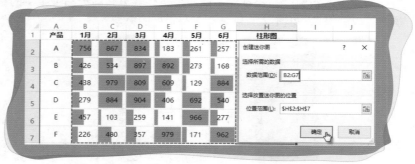

图 4-74　选择数据范围

Step 03 如图 4-75 所示，清除掉原来的数据条，就可以非常直观地显示出来。

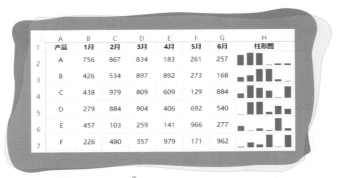

图 4-75　柱形图

Step 04　如图 4-76 所示，怕你一秒钟看不出最大、最小值，还提供了显示"高点"和
"低点"的功能，只需勾选其复选框就能一秒钟识别出来。

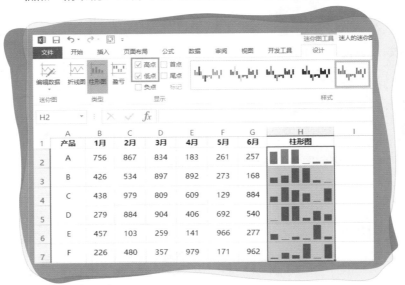

图 4-76　勾选"高点"和"低点"复选框

如图 4-77 所示，可能有些人喜欢用折线图展示，这样也可以，只要轻松一点就可
以快速转换。

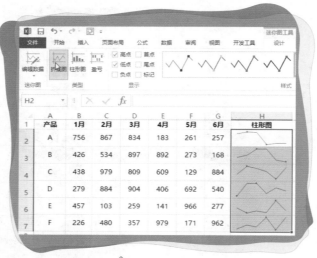

图 4-77　折线图

再更改 H1 的内容为折线图。

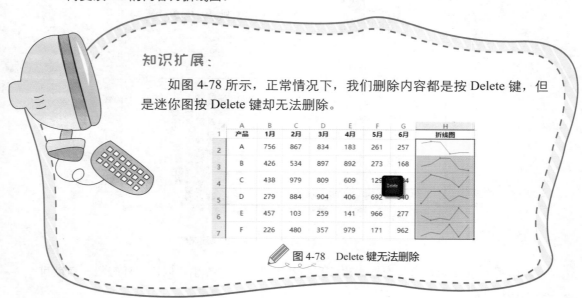

知识扩展：

如图 4-78 所示，正常情况下，我们删除内容都是按 Delete 键，但是迷你图按 Delete 键却无法删除。

图 4-78　Delete 键无法删除

如图 4-79 所示，在"设计"选项卡中，依次单击"清除"→"清除所选的迷你图"命令。

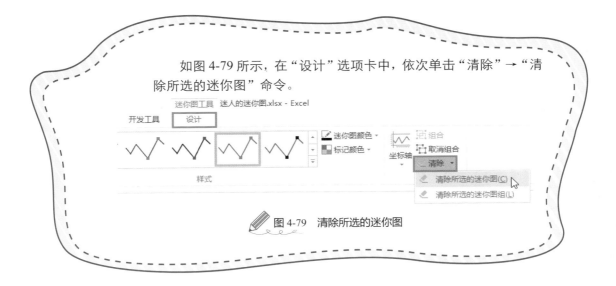

图 4-79　清除所选的迷你图

课后练习

如图 4-80 所示，根据该地区上半年的销售金额，制作出盈亏图。

	A	B	C	D	E	F	G	H
1	地区	1月	2月	3月	4月	5月	6月	盈亏图
2	南京	3142	400	9777	5250	1986	227	
3	上海	9472	-1314	3064	3646	7702	8460	
4	北京	3496	4843	3350	-1637	9694	4835	
5	无锡	4565	7600	2902	2096	3991	-397	
6	苏州	3810	5553	4050	2745	-1759	8495	
7	常州	3859	2238	-1935	4601	507	8356	

图 4-80　盈亏图

扫一扫 看答案

第 5 章
学好函数的捷径

"实用为王"才是学习的目的，毕竟我们学习技术就是为了解决问题。不要一味贪多，现在用不上的函数就不要学习。等到需要时再学习也不迟。

每个人的思维习惯与角度不尽相同，导致水平有高低，思维有局限。帮助别人的时候就是帮助自己。

请牢记 F1、F4 和 F9 三大快捷键，当你熟练掌握后，对你会有莫大的好处！

跟卢子一起学 Excel
早做完，不加班

Day37 万金油按键

扫一扫 看视频

在 Excel 里，有一个万金油的按键就是 F1。

不论何时，按下 F1 键，都可以打开微软为你准备的帮助。只需以下两步，就能快速找到详细的函数说明。

Step 01 如图 5-1 所示，按下 F1 键，输入要搜索的函数如 SUM，单击搜索。

Step 02 如图 5-2 所示，单击函数词条，查看具体内容。

图 5-1 搜索函数

图 5-2 函数词条

如图 5-3 所示，可以看到函数的语法说明和视频教程。

如图 5-4 所示，一个函数下面提供了很多知识点，现在随便点开其中一个知识点，使用 SUM 的最佳做法，就可以看到详细的案例说明，如图 5-5 所示。

图 5-3 函数视频

图 5-4 函数知识点

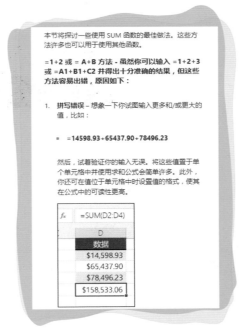

本节将探讨一些使用 SUM 函数的最佳做法。这些方法许多也可以用于使用其他函数。

=1+2 或 = A+B 方法 - 虽然你可以输入 =1+2+3 或 =A1+B1+C2 并得出十分准确的结果，但这些方法容易出错，原因如下：

1. **拼写错误 –** 想象一下你试图输入更多和/或更大的值，比如：

- =14598.93+65437.90+78496.23

然后，试着验证你的输入无误。将这些值置于单个单元格中并使用求和公式会简单许多。此外，你还可在值位于单元格中时设置值的格式，使其在公式中的可读性更高。

f_x	=SUM(D2:D4)	

D
数据
$14,598.93
$65,437.90
$78,496.23
$158,533.06

图 5-5　最佳用法

如果你能全部吃透，你就是函数大神了！

最后再强调一句：独学而无友，则孤陋寡闻。在学习的过程中要记得多跟别人交流，切记！

知识扩展：

获取帮助的方法和渠道：

F1 键：官方第一手原味资料，最纯最真。

网络搜索引擎：大部分常用问题及疑难解答。

微信公众号 Excel 不加班：大量的原创教程。

Excel 不加班 QQ 群：交流和学习。

课后练习

　　如图 5-6 所示，在微信公众号 Excel 不加班，菜单功能号内搜，按标题搜索关键词 VLOOKUP。

图 5-6　号内搜

Day38　善用美元符号（$）

扫一扫 看视频

　　F4 键是我们熟悉的快捷键，是因为它可以切换单元格地址引用方式，而不需手工添加或删除 $。

　　如图 5-7 所示，在编辑栏用鼠标选择 A1，按 F4 键。

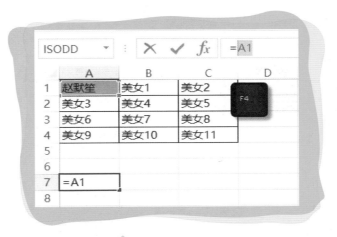

图 5-7 F4 键的使用

如图 5-8 所示，每按一次 F4 键，$ 的位置就发生改变，最后又重新转换成原来的 A1，循环改变。

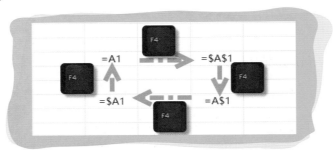

图 5-8 转换过程

如果你下拉时希望行不发生改变，那么请在行号前加上美元符号（$），有钱就走不动路了（如：A$1）。

如果你右拉时希望列不发生改变，那么请在列号前加上美元符号（$），有钱她就不会被别人拐跑了（如：$A1）。

如果双保险，行号列号都不想发生改变，行号列号前都加上 $，全方位锁定你（如：$A$1）。

如图 5-9 所示，混合引用和绝对引用的效果图。

	A	B	C	D	E	F	G	H
1	赵默笙	美女1	美女2		=A$1	赵默笙	美女1	美女2
2	美女3	美女4	美女5			赵默笙	美女1	美女2
3	美女6	美女7	美女8			赵默笙	美女1	美女2
4	美女9	美女10	美女11			赵默笙	美女1	美女2
5								
6					=$A1	赵默笙	赵默笙	赵默笙
7						美女3	美女3	美女3
8						美女6	美女6	美女6
9						美女9	美女9	美女9
10								
11					=$A$1	赵默笙	赵默笙	赵默笙
12						赵默笙	赵默笙	赵默笙
13						赵默笙	赵默笙	赵默笙
14						赵默笙	赵默笙	赵默笙
15								

图 5-9 引用效果图

实际运用：

2016 年度各人员产品销售情况占比，如图 5-10 所示。

	A	B	C
1	姓名	销量	占比
2	陈小琴	3873	16%
3	伍占丽	2914	12%
4	王婵凤	1304	5%
5	程凤	4589	19%
6	李永琴	1463	6%
7	张孟园	2651	11%
8	王艳萍	3448	14%
9	叶丽翠	4139	17%
10	合计	24381	100%

图 5-10 占比

在 C2 输入公式，下拉填充公式。

=B2/$B$10

按 Alt+F4 快捷键，可以快速关闭已打开的程序。如果显示的是桌面，还可以快速关机，如图 5-11 所示。

图 5-11　快速关机

课后练习

如图 5-12 所示，模拟九九乘法表的运算过程。

	A	B	C	D	E	F	G	H	I	J
1		1	2	3	4	5	6	7	8	9
2	1	1	2	3	4	5	6	7	8	9
3	2	2	4	6	8	10	12	14	16	18
4	3	3	6	9	12	15	18	21	24	27
5	4	4	8	12	16	20	24	28	32	36
6	5	5	10	15	20	25	30	35	40	45
7	6	6	12	18	24	30	36	42	48	54
8	7	7	14	21	28	35	42	49	56	63
9	8	8	16	24	32	40	48	56	64	72
10	9	9	18	27	36	45	54	63	72	81
11										

图 5-12　九九乘法表

Day39 **解读公式神器**

解读公式神器 F9 键

F9 键，人称"独孤九剑"，看过《笑傲江湖》的人应该知道令狐冲的独孤九剑很厉害。既然 F9 键有这个雅称，一定有过人之处。F9 键是解读公式的利器，公式如果太长了看不懂，将看不懂的地方抹黑就知道运算结果。看完后再按 Ctrl+Z 快捷键返回，否则公式就变了。

实际运用：

001 区间公式解读

如图 5-13 所示，在数学中经常用 1<=X<=500，这种表示方法。在 Excel 中的表示方法是否也一样？目测成立，但按 Enter 键后却不成立，是怎么回事呢？

这时就可以借助 F9 键，查看运算过程。

如图 5-14 所示，在编辑栏选择 1<=30，按 F9 键解读，这个明显成立，返回 TRUE。

图 5-13　数学区间表示法

图 5-14　F9 键运用 1

如图 5-15 所示，在编辑栏选择 TRUE<= 500，按 F9 键解读。在 Excel 中逻辑值大于数字，这个明显不成立，返回 FALSE。

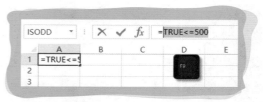

图 5-15　F9 键运用 2

如图 5-16 所示，Excel 中数据的排序依据：错误值 > 逻辑值 > 文本 > 数字。

图 5-16 排序依据

002 提取职业公式解读

如图 5-17 所示，提取职业这个公式的 FIND 函数不知道作用是什么，可以在编辑栏用鼠标选择后按 F9 键。

其实这个就是查找 "-" 的位置，也就是返回 3。解读完后，按快捷键 Ctrl+Z 或者 Esc 键。

如图 5-18 所示，再重新在编辑栏选择整个公式，按 F9 键解读。

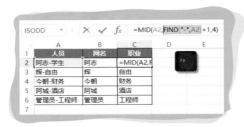

图 5-17　F9 键运用 3

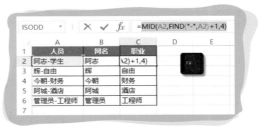

图 5-18　F9 键运用 4

如图 5-19 所示，这就是解读后效果图。再强调一遍，解读公式以后，必须要按 Esc 键取消，否则公式就变了！

图 5-19　解读效果图

在 Excel 还有一个解读工具，这个比较机械化，是从第一步解读到最后一步。

如图 5-20 所示，切换到"公式"选项卡，单击"公式求值"项，再单击"求值"按钮。

图 5-20　公式求值

如图 5-21 所示，就得到第一次求值后效果，接下来就是不断地单击"求值"按钮，直到全部求值完为止。

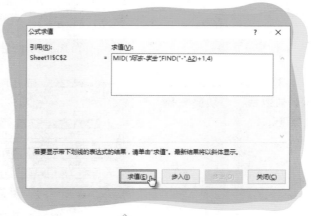

图 5-21　求值

知识扩展：

如图 5-22 所示，刚刚的公式是没问题的，但是下拉的时候公式却计算出错，是怎么回事呢？

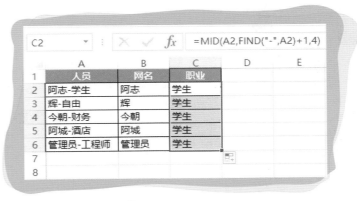

图 5-22　公式计算出错

如图 5-23 所示，这时按一下 F9 键就恢复正常了。

图 5-23　F9 键运用 5

如图 5-24 所示，这是因为公式被设置了"手动重算"，而 F9 键的作用是可以让公式重新计算。如果想一劳永逸，直接改成"自动重算"即可。

如图 5-25 所示，我们在用 NOW 函数生成当前时间的时，表格时间并不是随时更新的，而是在单元格进行某些操作时才会自动更新至当前操作时间。如果想达到不对单元格做任何操作就让时间更新至当前时间的效果，可以按 F9 键。

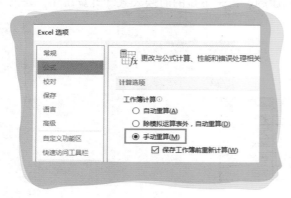

图 5-24　手动重算

图 5-25　当前时间

课后练习

如图 5-26 所示，用 F9 键解读公式，理解整个公式的含义。

`=OFFSET($A$1,,,COUNTA($A:$A),COUNTA($1:$1))`

图 5-26　解读 OFFSET

Day40　函数不用记，聪明人都用这招

扫一扫 看视频

大家都知道我函数的水平不错，能记住很多很多函数的组合，真的很厉害。如果我告诉你，我一个函数都记不住，你信不？

你肯定会说："你逗我玩吗？鬼才信你！"

如图 5-27 所示，这不就是你写的函数，这么长你都能记住？

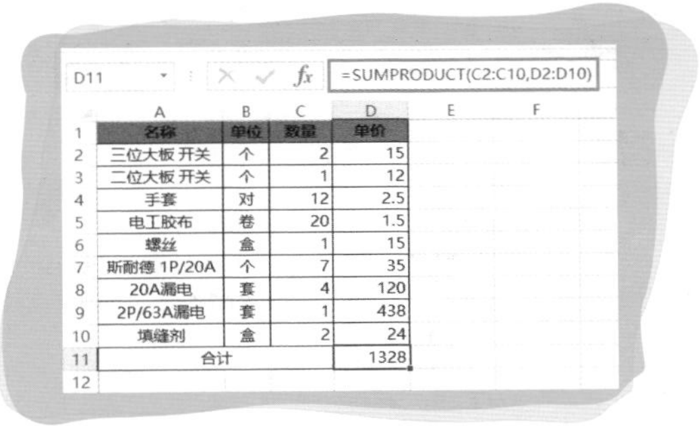

图 5-27　长函数

其实真相是这样的，我只记住 SUM，后面是啥压根儿记不住。哪里能记住这么长的单词呢？对吧！

我能准确输入函数，真相就藏在这里，如图 5-28 所示。

图 5-28　函数提示功能

借助 Excel 超级强大的记忆功能，只要你能记住每个函数的前 3 个字母，足矣。善于借助外力才是聪明人所为！

如果有一天，你在工作表输入前几个字母后没有任何提示的话，不要怀疑是不是 Excel 老了，记忆力减退。而是你的工作表被别人动了手脚，重新更改过来即可。

说明：2003 版本并不存在这个功能，所以手工输入的时候经常出错。

单击"文件"的"选项"命令，打开"Excel 选项"对话框。单击"公式"项，选中"公式记忆式键入"复选框，单击"确定"按钮，如图 5-29 所示。

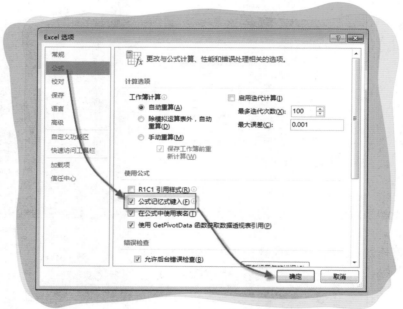

 图 5-29　设置公式记忆式键入

知识扩展：

手动输入法是最便捷的，前提是对函数有一个大概印象。如果是完全不知道用什么函数的情况下，需要借助搜索函数这个功能。

如图 5-30 所示，切换到"公式"选项卡，单击"插入函数"图标，在"搜索函数"文本框输入关键词，如"求和"，单击"转到"按钮，就会出现一些相关的函数，每个函数会出现简单的说明，如果是你所需要的，单击"确定"按钮。

图 5-30 搜索函数

如图 5-31 所示，如果你对某个函数的用法不是很了解，可以单击"有关该函数的帮助"的超级链接，就会出现这个函数的详细介绍。

如图 5-32 所示，切换到"公式"选项卡，在"数学和三角函数"中找到 SUMPRODUCT 函数，这种方法是我刚接触 Excel 的时候常用到的，后来基本不用了。

图 5-31　函数的详细帮助

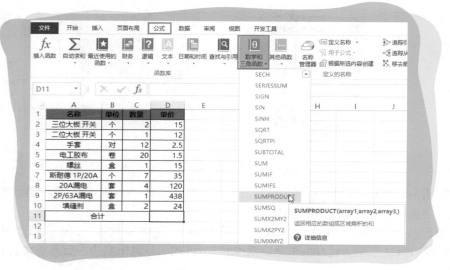

图 5-32　函数库

　　如图 5-33 所示，有一些比较难的要善于借助搜索引擎，借助搜索引擎至少可以解决 60% 以上的问题。

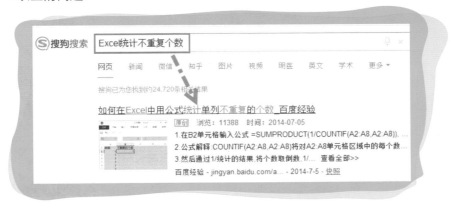

✏️ 图 5-33　搜索引擎

课后练习

　　如图 5-34 所示，借助函数搜索的功能，自学一个新函数，计算两个日期之间的工作日。

✏️ 图 5-34　计算工作日

第6章
不会函数怎敢闯职场

凭真本事，才敢闯职场。并不是你学会几个常用技能就厉害了，那不过是开始，后面还有很长的路。

Day41 用真实案例告诉你为什么要学好函数

扫一扫 看视频

下面讲两件真实的事。

1. 智斗 HR，通关 BOSS

2015 年年中，卢子打着自己一箭双雕的小算盘，为人又为己辞职。事情是这样的，公司要裁掉卢子的同事，卢子决定领取这个名额，把位置让给那个同事。同时自己的书籍也宣传到位，都荣登了第一的宝座，心想，是时候放松一下去寻找灵感，完成集齐七色，召唤神龙的心愿。

重新回到广州，偶遇一家公司招聘 Excel 专员，居然有如此贴切的职位，对于我这个只有高中学历且只有一门 Excel 看家本领的人来说，无疑是再适合不过的工作了。但是欣喜未免太早，还是先看看他们的要求吧。

精通 SUM、SUMIF、IF、VLOOKUP、INDEX、MATCH 等十多个函数，还要熟悉用 Ctrl+Shift+Enter 三键生成的数组公式，外加 VBA。除了这些之外，还需要熟练操作 PPT、Word 软件。原来半年招不到人是有原因的。

如果你去应聘，你能胜任吗？

卢子对于自己的 Excel 还是很有信心的，这种量身定做的岗位肯定不会放过，赶紧准备最新的简历，献上最帅的照片，暗自窃喜天上掉馅饼还不偏不倚地落在了自己口中。但是接下来却并没有如预期般顺利，就像记忆中的考试，以为名列前茅却名落孙山。等了两天没消息，心中的窃喜也慢慢一截一截地凉下来，事情本该到此结束。

但是突然有一天，这事又撞进了卢子的脑袋，那就速战速决吧，拿起电话一通拨过去，面试就这样敲定了。本来面试都会带简历，但是卢子呢，带上自己和百度就出门了。到了公司，HR 淡淡地瞥了一眼，瞧见卢子两手空空，悠悠地飘出来几个字"简历拿来吧！"。

卢子不傻啊，赶紧第一句封上对方的口，我是书籍作者，Excel 畅销书作者，已经出版 4 本 Excel 书籍，拥有 10 年数据处理经验，二话不说，憋回各种考验问题直接通往老板了。

好吧，既然都打到 BOSS 了，装备肯定得跟得上，老板坐阵，还是先规矩地介绍下自己，于是卢子带上的第 2 个工具百度就闪亮出场了，我是陈锡卢，百度陈锡卢，卢子本已打开网页准备给老板看，只见老板自己动手百度了，卢子便偷偷观察老板面色，八成是有戏了，看得这么认真！

我的事说完了，接下来说一件读者的事。

2. 凭真本事，才敢闯职场

下面来看一下某读者的面试试题，如果 Excel 学不好，你可能连工作的机会都没有！

规定时间是 15 分钟，连我都花了 10 分钟才搞定这 3 道题目，如果是对于那些没有几年 Excel 经验的，直接就淘汰出局了。

（1）如图 6-1 所示，根据左边的产品编码表，查询销售品种对应的产品编码，填写在 F 列。

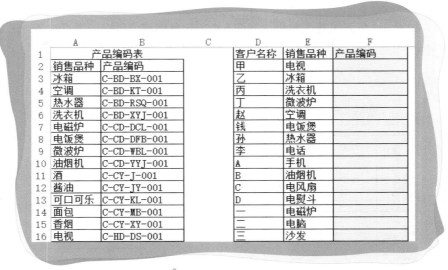

图 6-1　查询产品编码

（2）如图 6-2 所示是基础数据，统计每个月份的数量，如图 6-3 所示。

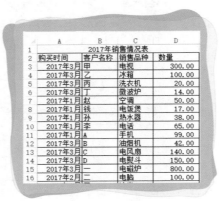

图 6-2　基础数据

图 6-3　汇总表

（3）如图 6-2 所示是基础数据，如图 6-4 所示是销售单价表，根据这 2 个表统计每一个品种的 2017 年总销售金额，如图 6-5 所示。

图 6-4　销售单价表

图 6-5　汇总表 1

如果是你去面试，这 3 道题目你有把握在 15 分钟内完成吗？

Day42　IF 函数家族经典使用案例

扫一扫 看视频

你是广东的吗？

你是学财务的吗？

你是 Excel 爱好者吗？

……

每天都会接触到很多类似的问题，都围绕着是或者不是展开。是在 Excel 中用 TRUE 表示，不是在 Excel 中用 FALSE 表示。而 TRUE 和 FALSE 就是逻辑函数，也就是说我们每天都在跟逻辑函数打交道。

1. 判断称呼

卢子：如图 6-6 所示，这是一份学生成绩表，如何根据性别判断称呼，性别为男的显示"先生"，性别为女的显示"女士"？

编号	姓名	性别	称呼	专业类	专业代号	来源	原始分	总分	录取情况
1	汪梅	男		理工		本地	599		
2	郭磊	女		理工		本地	661		
3	林涛	男		理工		本省	467		
4	朱健	男		文科		本省	310		
5	李明	女		文科		本省	584		
6	王建国	女		财经		外省	260		
7	陈玉	女		财经		本省	406		
8	张华	女		文科		本地	771		
9	李丽	男		文科		本省	765		
10	汪成	男		理工		本地	522		
11	李军	女		理工		本地	671		
12	王红蕾	男		文科		本地	679		
13	王华	女		理工		本省	596		
14	孙传富	女		财经		外省	269		
15	赵炎	女		财经		外省	112		

图 6-6　学生成绩表

木木：条件判断不就是 IF 函数吗，很简单。

Step 01 如图 6-7 所示，单击 D2 单元格，在编辑栏输入下面的公式。

=IF(C2=" 男 "," 先生 "," 女士 ")

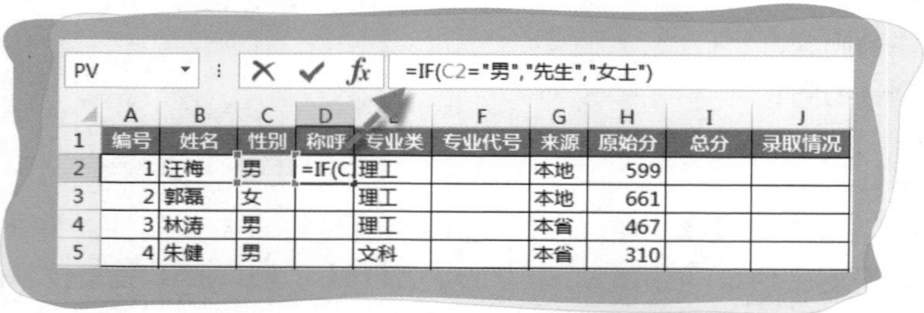

图 6-7　输入 IF 函数

Step 02 如图 6-8 所示，按 Enter 键后，D2 单元格自动生成先生。把鼠标放在 D2 单元格右下角，出现 "+" 的时候，双击单元格。

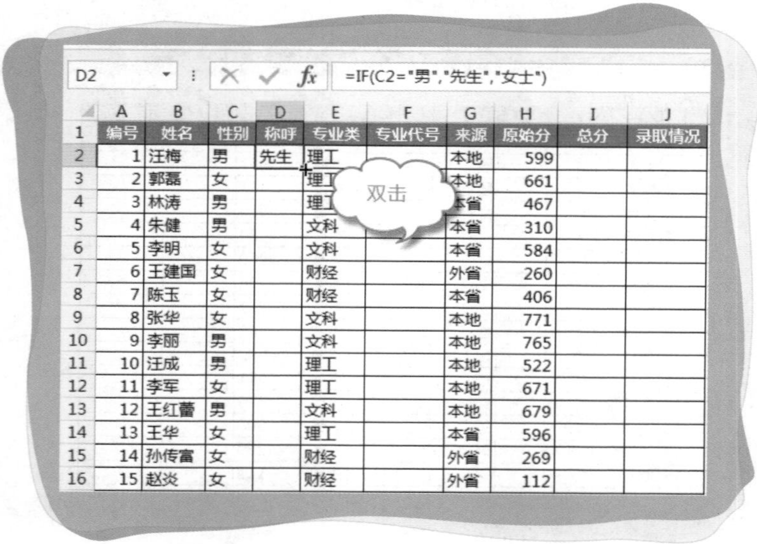

图 6-8　双击填充公式

如图 6-9 所示，填充公式后，所有称呼就都显示出来。

| D2 | ▼ | : | × | ✓ | fx | =IF(C2="男","先生","女士") |

▲	A	B	C	D	E	F	G	H	I	J
1	编号	姓名	性别	称呼	专业类	专业代号	*来源	原始分	总分	录取情况
2	1	汪梅	男	先生	理工		本地	599		
3	2	郭磊	女	女士	理工		本地	661		
4	3	林涛	男	先生	理工		本省	467		
5	4	朱健	男	先生	文科		本省	310		
6	5	李明	女	女士	文科		本省	584		
7	6	王建国	女	女士	财经		外省	260		
8	7	陈玉	女	女士	财经		本省	406		
9	8	张华	女	女士	文科		本地	771		
10	9	李丽	男	先生	文科		本地	765		
11	10	汪成	男	先生	理工		本地	522		
12	11	李军	女	女士	理工		本地	671		
13	12	王红蕾	男	先生	文科		本地	679		
14	13	王华	女	女士	理工		本省	596		
15	14	孙传富	女	女士	财经		外省	269		
16	15	赵炎	女	女士	财经		外省	112		
17										

图 6-9　填充公式后效果

卢子：不错，我再补充一下用法，你就当复习一下，温故而知新。

如图 6-10 所示，IF 函数有 3 个参数，每个参数都有不同的含义，只有明白了其中的含义，才能准确地设置公式。

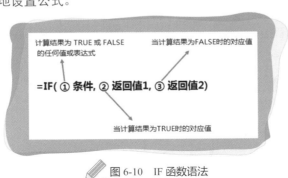

图 6-10　IF 函数语法

刚刚的判断也可以改成下面的公式。

`=IF(C2=" 女 "," 女士 "," 先生 ")`

木木：再复习几次，我都可以当老师了，哈哈！

2. 判断专业代号

卢子：刚刚性别只有两种情况，非男即女。现在专业代号有三种，理工显示 LG，文科显示 WK，财经显示 CJ。单个 IF 函数是无法直接完成的，你知道怎么做吗？

木木：函数嵌套我还不会，教教我怎么做吧。

卢子：函数最有意思的地方就是嵌套，每个参数都可以嵌套不同的函数，从而变成非常强大的公式。跟组合积木差不多，通过小小的积木，组合成庞大的模型。

`=IF(E2=" 理工 ","LG",IF(E2=" 文科 ","WK","CJ"))`

如图 6-11 所示，当 E2 是理工的时候显示 LG，否则就显示后面的 IF(E2=" 文科 ","WK","CJ")。

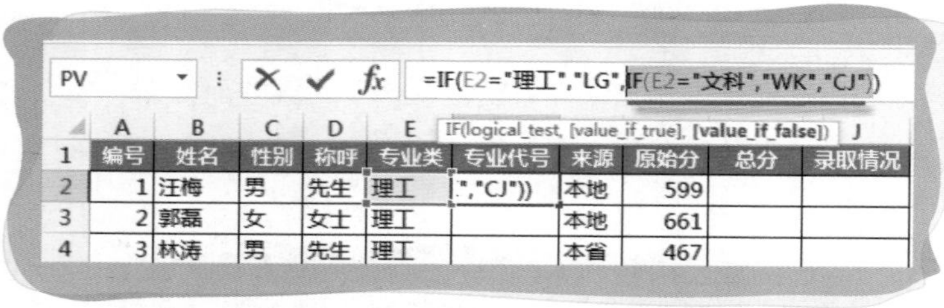

图 6-11 IF 函数分步解读

执行了第一次判断后，再执行第二次判断。

当 E2 是文科的时候显示 WK，否则就显示 CJ。

木木：听起来还是有点模糊。

卢子：我再用一个示意图来表示，你一看就懂。如图 6-12 所示，其实 IF 函数就跟找女朋友一样，首先是判断美丑，如果是美女再进一步判断是否聊得来。

木木：原来你们男人都是这样，看脸的。

卢子：其实女人也差不多，经常都听见女人说这么一句：你是个好人，如图 6-13 所示。

图 6-12　找女友示意图

图 6-13　好人图

木木：哈哈，没错，卢子，你是个好人！

卢子：每次听到这句话都有一种欲哭无泪的感觉。不说这个了，继续回到 IF 函数的运用上。

3. IF 函数嵌套的巩固

卢子：利用前面的知识，获取总分。来源为本地，总分为原始分加 30；来源为本省，总分为原始分加 20；来源为外省，总分为原始分加 10。

木木：我试试，这个我应该会做。

Step 01 在 I2 输入公式。

```
=IF(G2=" 本地 ",H2+30,IF(G2=" 本省 ",H2+20,H2+10))
```

Step 02 把鼠标指针放在 I2 单元格右下角，出现 "+" 的时候，双击单元格，填充公式。

依样画葫芦，搞定！

卢子：写得不错，但这个公式还可以进一步简化。这里就涉及数学中的合并同类项，就是将相同的内容提取出来，对表达式进行简化，如图 6-14 所示。

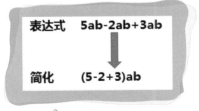

图 6-14　合并同类项

其实 Excel 中的公式和数学中的表达式也有点类似，可以做同样的操作。"H2+"这个是同样的，所以可以提取出来，最终公式为：

```
=H2+IF(G2=" 本地 ", 30,IF(G2=" 本省 ", 20,10))
```

❓ 木木：原来是这样，那我数学不好是不是不能学好公式？

💬 卢子：数学好对学好公式有一点作用，但也不是绝对。再说，实际工作中只要能解决问题就行，不要执着于公式的简化。简化公式的做法在学习的过程中可以，实际上不提倡！

❓ 木木：这样还好，要不然我都没信心了。

4. 满足多条件获取录取情况

💬 卢子：截止到目前为止都是单个 IF 函数的运用,现在开始会涉及跟其他函数的嵌套运用。

❓ 木木：函数嵌套一直是我的心结,单个函数我还懂,一嵌套就晕了。

💬 卢子：其实只要熟练单个函数的用法,多个函数的嵌套也不是难事。现在跟你说一下,满足多条件获取录取情况。

现在某公司准备录取性别为女性,总分在 600 分以上的人,该怎么做呢？

在 J2 输入公式,并向下填充公式。

```
=IF(AND(C2=" 女 ",I2>600)," 录取 ","")
```

如图 6-15 所示，AND 函数当所有条件都是 TRUE 时，则返回 TRUE。

如图 6-16 所示，AND 函数只要其中一个条件是 FALSE，则返回 FALSE。

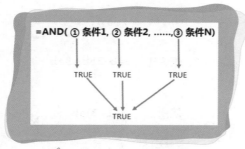

图 6-15　AND 函数语法条件 1

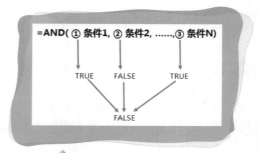

图 6-16　AND 函数语法条件 2

举一个简单的例子来说明下，怎么算在谈恋爱呢？

条件 1：男的喜欢女的

条件 2：女的喜欢男的

只有同时满足这两个条件，才算谈恋爱，否则最多算单相思。

`=IF(AND("男的喜欢女的","女的喜欢男的"),"谈恋爱","单相思")`

木木：秒懂！卢子现在谈恋爱了，说话变得越来越有才，哈哈哈。

卢子：其实很多事情都是相通的，你想学习 Excel，我愿意分享 Excel，才有了这次对话。

说到 AND 函数不得不提另外一个函数：OR，这个函数跟 AND 很相似。

如图 6-17 所示，OR 函数只有当所有条件都是 FALSE 的时候，才返回 FALSE。

如图 6-18 所示，OR 函数只要其中一个条件是 TRUE，就返回 TRUE。

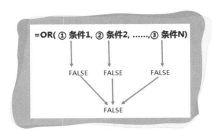

图 6-17　OR 函数语法条件 1

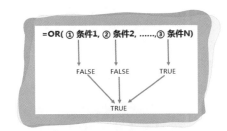

图 6-18　OR 函数语法条件 2

举个例子来说明一下，怎样才算好运？

条件 1：出门捡到钱了

条件 2：买彩票中奖了

条件 3：遇到好心人帮你解决疑难了

我们不需要所有条件都成立才算好运，只需满足其中一个即可。

`=IF(OR("出门捡到钱了","买彩票中奖了","遇到好心人帮你解决疑难了"),"好运","正常")`

木木：我好幸运啊，遇到卢子大帅哥教我 Excel，解决疑难。

知识扩展：

　　AND 函数可以用 * 代替，OR 函数可以用 + 代替。

　　判断 A1 是否在区间 0 ~ 60 之间，满足显示不及格，不满足显示及格。

```
=IF(AND(A1>0,A1<60)," 不及格 "," 及格 ")
=IF((A1>0)*(A1<60)," 不及格 "," 及格 ")
```

　　判断 A1 是否小于 160 或者大于 170，满足显示不合格，不满足显示合格。

```
=IF(OR(A1<160,A1>170)," 不合格 "," 合格 ")
=IF((A1<160)+(A1>170)," 不合格 "," 合格 ")
```

课后练习

　　如图 6-19 所示，成绩小于 60 为不及格，大于等于 60 小于 70 为及格，大于等于 70 小于 80 为良好，大于等于 80 为优秀。

	A	B	C
1	姓名	成绩	等级
2	李飞	55	不及格
3	王帅	99	优秀
4	张华	70	良好
5	王祥	97	优秀
6	李楠	78	良好
7	张洋	59	不及格
8	武天	42	不及格
9	罗燕	28	不及格
10			

图 6-19　判断等级

史上最快求和，你敢挑战吗

扫一扫 看视频

总分考了多少分？

最高分是多少分？

最低分是多少分？

全班有多少人？

......

数学与统计函数同样跟我们的生活息息相关，非常重要。

自动求和妙用

卢子：如图 6-20 所示，这是某学校的成绩明细表，如何统计总分、平均分、考试人数、最高分、最低分？

	A	B	C	D	E	F	G
1	姓名	数学	语文	英语	总分	平均分	
2	李明	39	55	90			
3	王小二	60	64	77			
4	郑准	86	79	98			
5	张大民	77	85	83			
6	李节	43	47	54			
7	阮大	56	71	49			
8	孔庙	90	89	98			
9	张三	45	67	88			
10	吴柳	77	88	67			
11	田七	65	55	44			
12	王启	77	98	28			
13	考试人数						
14	最高分						
15	最低分						
16							

图 6-20　成绩明细表

木木：总分这个我会，其他我就不懂了。

Step 01　如图 6-21 所示，单击 E2 单元格，切换到"公式"选项卡，单击"自动求和"按钮，就自动帮你选择区域求和。

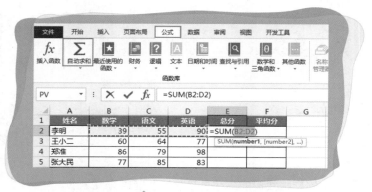

图 6-21　自动求和

Step 02 如图 6-22 所示，将公式下拉填充到 E12，搞定。

🙋 卢子：　"自动求和"这个确实很实用，轻轻一点就全搞定。其实"自动求和"并不仅仅是求和而已，还包含了很多功能。如图 6-23 所示，单击"自动求和"的下拉按钮，会出现求和、平均值、计数、最大值和最小值。

图 6-22　填充公式

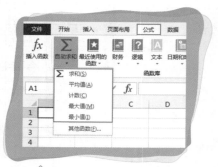

图 6-23　自动求和隐藏的功能

❓ 木木：　天啊，居然藏着这么多秘密！

卢子：这个功能是 Excel 2007 刚出来时我无意间发现的，那时无聊，就对着 Excel 2007
新功能乱点，点到这个的时候就像发现新大陆一样。这几个你可以逐个去测试，
我把公式先发给你看看。最终效果如图 6-24 所示。

	A	B	C	D	E	F	G
1	姓名	数学	语文	英语	总分	平均分	
2	李明	39	55	90	184	61.33333	
3	王小二	60	64	77	201	67	
4	郑准	86	79	98	263	87.66667	
5	张大民	77	85	83	245	81.66667	
6	李节	43	47	54	144	48	
7	阮大	56	71	49	176	58.66667	
8	孔庙	90	89	98	277	92.33333	
9	张三	45	67	88	200	66.66667	
10	吴柳	77	88	67	232	77.33333	
11	田七	65	55	44	164	54.66667	
12	王启	77	98	28	203	67.66667	
13	考试人数	11	11	11			
14	最高分	90	98	98			
15	最低分	39	47	28			
16							

图 6-24　最终效果图

平均分：

```
=AVERAGE(B2:D2)
```

考试人数：

```
=COUNT(B2:B12)
```

最高分：

```
=MAX(B2:B12)
```

最低分：

```
=MIN(B2:B12)
```

需要注意的是，区域记得更改，智能选择的区域不一定正确，这几个函数都比较简单，会其中一个，其他的就都会了。

木木：是啊，一下子 5 个函数都学会了，我好厉害啊！

知识扩展：

将鼠标指针放在"自动求和"按钮上面，就会出现求和的快捷键为 Alt+=，如图 6-25 所示。

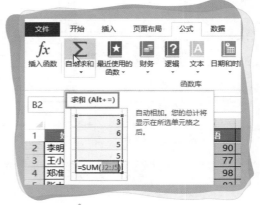

图 6-25　求和的快捷键

（1）也就是说借助快捷键 Alt+= 可以轻松实现对区域进行求和，如图 6-26 所示。

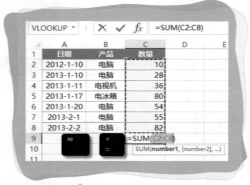

图 6-26　快捷键求和

（2）快捷键 Alt+=不仅可以对一列的数据求和，还能对多列的数据同时求和。选择区域，按快捷键 Alt+= 瞬间就对区域求和，如图 6-27 所示。

図 6-27　对多列数据同时求和

（3）还有一种就是将数据分成几段求和，如图 6-28 所示，分别对各个部门统计工资。

当你输入完第一个公式后，你会发现很纠结，公式没法下拉，如果是一个一个输入公式又非常麻烦，当部门非常多的时候还容易出错，如图 6-29 所示。

図 6-28　分段求和

図 6-29　没法下拉

像这种分段求和，跳跃式地求和，而且每次求和求的都是上方连续区域的连续数字，我们就可以巧妙利用功能区上的自动求和功能加上定位条件来快速实现。先用鼠标将 C 列有数据的区域选中（不能把整个 C 列选完，只选中 C 列有数据区域），我们再单击 F5 键，调出定位窗口，单击"定位条件"按钮，选择"空值"单选项，单击"确定"按钮，如图 6-30 所示。

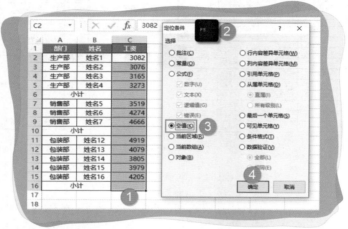

图 6-30　定位空值

这时 C 列的空单元格就被选好了，只需按一下快捷键 Alt+= 就完成统计，如图 6-31 所示。

图 6-31　快捷键求和

课后练习

如图 6-32 所示，数量放在三列显示，如何隔列统计总数量。

✏️ 图 6-32　隔列求和

Day44　多表求和比你想象中更简单

❓ 木木：如图 6-33 所示，现在有格式相同的 7 个表，我要在汇总表求所有表格的销售量总和。这是我使用的公式，好长，而且还容易出错，有没有更简单的办法？

✏️ 图 6-33　格式相同的多表

```
=SUM('1 月 '!C:C)+SUM('2 月 '!C:C)+SUM('3 月 '!C:C)+SUM('4
月 '!C:C)+SUM('5 月 '!C:C)+SUM('6 月 '!C:C)+SUM('7 月 '!C:C)
```

☝️ 卢子：如果用这样的公式确实非常麻烦，现在还好只是 7 个表，如果是按天算，一年 365 个表，你估计就要哭了。

其实多表汇总，公式简单到你不敢相信。

如图 6-34 所示，打开汇总表，在 B1 输入公式。

```
=SUM('*'!C:C)
```

如图 6-35 所示，按 Enter 键以后见证神奇，公式居然自动帮我们改成标准的形式。

图 6-34　多表求和公式

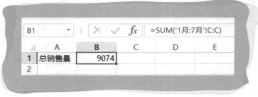

图 6-35　公式自动更改为标准的形式

* 就代表除了当前工作表（汇总表）以外的所有工作表。

SUM 函数多表求和语法：

```
=SUM( 开始表格 : 结束表格 ! 区域 )
```

假如现在只是求前 6 个月的销售量，可以这样设置公式：

```
=SUM(1 月 :6 月 !C:C)
```

正常情况下，' 可以不用写，Excel 会自动帮你写好：

```
=SUM('1 月 :6 月 '!C:C)
```

如图 6-36 所示，有的时候在同一个工作簿中会出现一些不相干的表格，所以不能直接用上面的公式，需要加一个条件进行判断。汇总的表格都有 "月" 字，可以根据这个进行判断。

图 6-36　不相关的表

我们知道 * 是通配符，包含月份我们可以这样表示 * 月，所以可以这样设置公式：

```
=SUM('*月'!C:C)
```

输入公式后，Excel 智能帮我们写成标准的公式：

```
=SUM('1月:3月'!C:C,'4月:6月'!C:C)
```

Excel 实在太聪明了！

知识扩展：

如图 6-37 所示，现在是要分开统计
每个月的销售量。

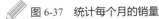
图 6-37　统计每个月的销量

在 B2 输入公式，并向下填充公式。

```
=SUM(INDIRECT(A2&"!C:C"))
```

& 的作用就是将内容合并起来，A2&"!C:C" 合并起来就是 1 月 !C:C，就是我们的 1
月这个表的求和区域。

如图 6-38 所示，为了加深对 & 的理解，我们再用一个案例进行说明。

为什么不直接用下面的公式进行求和，而要嵌套一个 INDIRECT 函数？

```
=SUM(A2&"!C:C")
```

如图 6-39 所示，直接使用得到的是 #VALUE!，警告你出错了，原因是里面的区域仅仅是文本，而不是真正的区域。

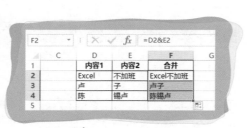

图 6-38　合并内容

图 6-39　直接引用求和出错

这里先看一下 INDIRECT 函数，这个函数可以对文本进行引用，一般叫间接引用。

有直接引用自然就有间接引用。比如现在有三个人，分别叫甲、乙、丙，现在甲要知道丙的事情，可以直接去问丙，也可以通过乙间接去了解丙的事情。也就是说直接引用就是直接输入区域就行，不通过第三者，我们正常的引用都是直接引用，如区域 C:C。间接引用就是通过第三者才能获得的，如 INDIRECT("C:C")。也就是说，只要嵌套一个 INDIRECT 函数就可以。

```
=SUM(INDIRECT(A2&"!C:C"))
```

如图 6-40 所示，再举一个例子加深理解，现在要间接引用每个月份的 C2 单元格，可以这样设置公式：

图 6-40　间接引用每个月份的 C2 单元格

课后练习

如图 6-41 所示，现在工作簿杂乱地存放着各种表格，如何统计 1 ～ 6 月的总销售量？

图 6-41 统计 1 ～ 6 月的总销售量

Day45 条件求和与计数一学就会

 卢子：SUM 函数家族有很多成员，下面通过实例来学习一下。

如图 6-42 所示，根据左边每个科目的消费明细，统计右边的科目出现的次数跟金额。

部门	科目	金额		科目	次数	金额
一车间	邮寄费	29		办公用品		
一车间	出租车费	80		教育经费		
二车间	邮寄费	19		过桥过路费		
二车间	过桥过路费	87		出差费		
二车间	运费附加	87				
财务部	独子费	100				
二车间	过桥过路费	62				
销售1部	出差费	74				
经理室	手机电话费	41				
二车间	邮寄费	21				
二车间	话费补	61				
人力资源部	资料费	86				
二车间	办公用品	77				
财务部	养老保险	20				
二车间	出租车费	47				

图 6-42 每个科目的消费明细

如图 6-43 所示，我们知道 COUNT 函数是计数，IF 函数是条件，两个合起来就是条件计数。

统计科目划分的次数就可以用下面的公式，在 F2 输入公式，并双击填充公式。

```
=COUNTIF(B:B,E2)
```

如图 6-44 所示，再来看看这个函数的语法：

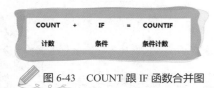

图 6-43　COUNT 跟 IF 函数合并图

图 6-44　COUNTIF 函数语法

木木：原来函数可以这么玩啊，涨见识了！如图 6-45 所示，那按条件统计金额不就可以用 SUMIF 函数。

卢子：木木好聪明啊，举一反三。

木木：不过我不懂 SUMIF 函数用法，你给我讲讲。

卢子：如图 6-46 所示，SUMIF 函数这个比 COUNTIF 函数多一个求和区域而已，其他都一样。很多人说函数难，那是因为找不到方法，如果方法懂了，函数真的很简单，学会一个，其他相关联的都会。

图 6-45　SUM 跟 IF 合并图

图 6-46　SUMIF 函数语法

木木：我来试试怎么写公式，你不要说。

条件区域是 B:B

条件是 E2

求和区域是 C:C

综合起来就是：

```
=SUMIF(B:B,E2,C:C)
```

卢子：理解得很好，我再制作一个 SUMIF 函数用法图解，如图 6-47 所示。

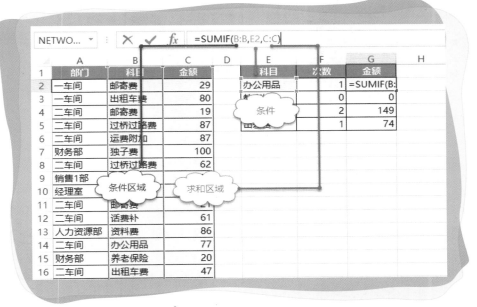

图 6-47　SUMIF 函数图解

还有一个常用的函数 AVERAGEIF，是按条件求平均值，语法跟 SUMIF 函数一样。

```
=AVERAGEIF(B:B,E2,C:C)
```

但 MAXIF 跟 MINIF 微软暂时不支持。

知识扩展：

说完单条件，必须说多条件。如图 6-48 所示，对部门和科目两个条件，进行统计次数和金额。

部门	科目	金额		部门	科目	次数	金额	
一车间	办公用品	29		二车间	办公用品			
一车间	教育经费	80		二车间	教育经费			
二车间	过桥过路费	19		二车间	过桥过路费			
二车间	出差费	87		一车间	出差费			
二车间	办公用品	87						
一车间	教育经费	100						
二车间	过桥过路费	62						
二车间	出差费	74						
经理室	办公用品	41						
二车间	教育经费	21						
二车间	过桥过路费	61						
一车间	出差费	86						
二车间	办公用品	77						
财务部	养老保险	20						
二车间	出租车费	47						

图 6-48　对部门和科目多条件统计

木木：虽然我不懂，但我猜测应该是用 COUNTIF 跟 SUMIF 函数再加点什么组成一个新函数完成。

卢子：猜的没错，英语中的复数很多都是直接在后面加 s，表示多于一次，如 sea-seas，girl-girls，day-days。

也就是说多条件其实可以在后面加个 S，如图 6-49 所示，COUNTIF-COUNTIFS，SUMIF-SUMIFS。

=COUNTIFS(① 条件区域1，② 条件1，③条件区域2，④ 条件2，……，⑤条件区域N，⑥ 条件N)

对区域中满足多条件的值进行计数

图 6-49　COUNTIFS 函数语法

木木：原来语法跟 COUNTIF 函数一样，只是多几个条件区域和条件，我会用了。

在 G2 输入公式，并下拉填充公式。

```
=COUNTIFS(A:A,E2,B:B,F2)
```

现在发觉我没那么怕公式了，一学就会，我好聪明有没有！

卢子：是啊，好厉害啊。

如图 6-50 所示，我再跟你说一下 SUMIFS 函数的语法：

=SUMIFS(① 求和区域, ② 条件区域1,③条件1,④条件区域2, ⑤条件2,……,⑥条件区域N, ⑦条件N)

对区域中满足多条件的值进行求和

图 6-50　SUMIFS 函数语法

SUMIFS 函数跟 COUNTIFS 函数有点像，条件区域和条件是一一对应的，只是在第一参数写求和区域。

木木：那我也会用了。

在 H2 输入公式，并下拉填充公式。

```
=SUMIFS(C:C,A:A,E2,B:B,F2)
```

如图 6-51 所示，最终效果如图：

	D	E	F	G	H	I
1		部门	科目	次数	金额	
2		二车间	办公用品	2	164	
3		二车间	教育经费	1	21	
4		二车间	过桥过路费	3	142	
5		一车间	出差费	1	86	
6						

图 6-51　最终效果图

卢子：如果所有人都像你这么聪明的话，那就好了，不用操心。

课后练习

如图 6-52 所示，根据左边的明细表，统计部门和科目的金额。

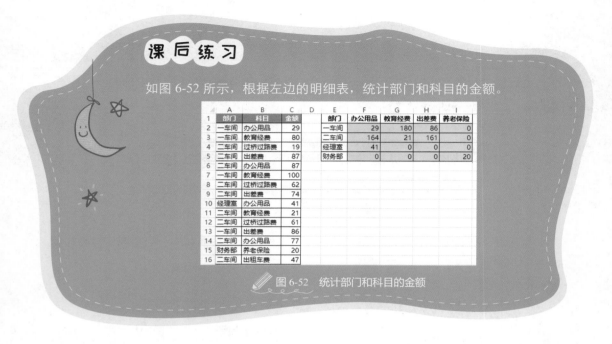

部门	科目	金额		部门	办公用品	教育经费	出差费	养老保险
一车间	办公用品	29		一车间	29	180	86	0
一车间	教育经费	80		二车间	164	21	161	0
二车间	过桥过路费	19		经理室	41	0	0	0
二车间	出差费	87		财务部	0	0	0	20
二车间	办公用品	87						
一车间	教育经费	100						
二车间	过桥过路费	62						
二车间	出差费	74						
经理室	办公用品	41						
二车间	教育经费	21						
二车间	过桥过路费	61						
一车间	出差费	86						
二车间	办公用品	77						
财务部	养老保险	20						
二车间	出租车费	47						

图 6-52　统计部门和科目的金额

Day46　**让你爽到爆的求和套路**

卢子：如图 6-53 所示，年底自评，要对项目进行加权得分，你知道怎么做吗？

木木：这个还不简单。

Step 01　在 D2 输入公式，并下拉填充公式。

```
=B2*C2
```

Step 02　在 D9 输入公式进行求和。如图 6-54 所示。

```
=SUM(D2:D8)
```

卢子：这也是一种方法，但其实 Excel 内置就有这个函数，可以不用借助辅助列完成。

如图 6-55 所示，一起来看下 SUMPRODUCT 函数的用法：

```
=SUMPRODUCT(B2:B8,C2:C8)
```

等同于：

```
=B2*C2+B3*C3+B4*C4+B5*C5+B6*C6+B7*C7+B8*C8
```

如图 6-56 所示，其实 SUMPRODUCT 函数同样是由两个函数组成，一个是 SUM 函数，一个是 PRODUCT 函数。

图 6-53　对项目进行加权得分

图 6-54　分步求和

图 6-55　SUMPRODUCT 函数语法

图 6-56　SUM 跟 PRODUCR 合并图

PRODUCT 函数就是乘积，比如要计算 B2 跟 C2 的乘积，就用：

```
=PRODUCT(B2:C2)
```

木木：原来如此，Excel 的函数都是玩组合的，有点意思。

知识扩展：

这就是最原始的用法，如果只听微软的话，你连求和之门还没法进去，SUMPRODUCT 函数可以实现各种各样的求和。

那应该很难理解吧？

错！

非常容易理解，分分钟学会，只要记住一个求和套路。

=SUMPRODUCT（（条件 1）*（条件 2）*……* 求和区域）

（1）如图 6-57 所示，统计科室的数量。

在 G2 输入公式，并双击填充公式。

=SUMPRODUCT（（$B$2:$B$26=F2)*$D$2:$D$26)

（2）如图 6-58 所示，统计科室和领用用品的数量。

图 6-57 科室的数量

图 6-58 科室和利用用品的数量

在 K2 输入公式，并双击填充公式。

=SUMPRODUCT（（$B$2:$B$26=I2)*($C$2:$C$26=J2)*$D$2:$D$26)

简单吧，轻轻一套，单条件求和与双条件求和就搞定，爽吧！

更爽的还有，往下看。

（3）如图 6-59 所示，统计每个月份的数量。

在 M2 输入公式，并双击填充公式。

```
=SUMPRODUCT((MONTH($A$2:$A$2
6)=M2)*$D$2:$D$26)
```

MONTH 函数就是提取日期的月份，另外跟这个函数相关的是 DAY 函数提取日期的天数，YEAR 函数是提取日期的年份。

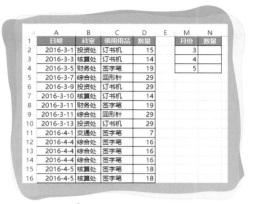

图 6-59　月份的数量

课后练习

如图 6-60 所示，统计每个科室各年份的数量。

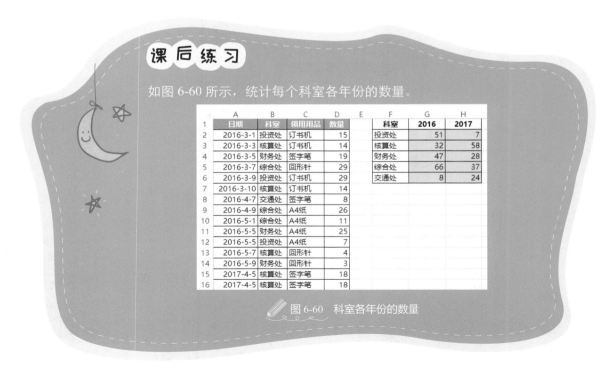

图 6-60　科室各年份的数量

Day47　让你爽到爆的计数套路

SUMPRODUCT 函数不仅可以求和，还能计数。

非常容易理解，分分钟学会，只要记住一个计数套路。

`=SUMPRODUCT((条件1)*(条件2)*……*(条件n))`

（1）如图 6-61 所示，统计每个科室出现的次数。

在 G2 输入公式，并双击填充公式。

`=SUMPRODUCT(($B$2:$B$26=F2)*1)`

单条件计数公式比较特殊，需要详细解释一下。

别忘了解读公式神器 F9 键，这时就派上用场了。

	A	B	C	D	E	F	G
1	日期	科室	领用用品	数量		科室	次数
2	2016-3-1	投资处	订书机	15		投资处	
3	2016-3-3	核算处	订书机	14		核算处	
4	2016-3-5	财务处	签字笔	19		财务处	
5	2016-3-7	综合处	回形针	29		综合处	
6	2016-3-9	投资处	订书机	29		交通处	
7	2016-3-10	核算处	订书机	14			
8	2016-3-11	财务处	签字笔	19			
9	2016-3-11	综合处	回形针	29			
10	2016-3-13	投资处	订书机	29			
11	2016-4-1	交通处	签字笔	7			
12	2016-4-4	综合处	签字笔	16			
13	2016-4-4	综合处	签字笔	16			
14	2016-4-4	综合处	签字笔	16			
15	2016-4-5	核算处	签字笔	18			
16	2016-4-5	核算处	签字笔	18			

图 6-61　科室的次数

解读公式的良好习惯，把区域改小，不要傻傻地直接按 F9 键，那样会直接把你看晕！

`=SUMPRODUCT(($B$2:$B$6=F2)*1)`

如图 6-62 所示，在编辑栏选择 ($B$2:$B$6=F2) 这部分，按 F9 键。

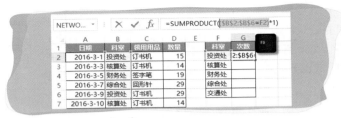

图 6-62　解读公式 1

如图 6-63 所示，区域 $B$2:$B$6 中等于条件 F2 的就返回 TRUE，否则返回 FALSE。

图 6-63　解读公式 2

如图 6-64 所示，逻辑值是不能直接求和的，需要通过运算将逻辑值转换成数值才可以。

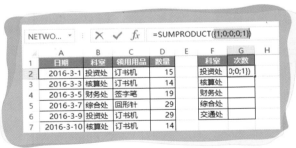

图 6-64　解读公式 3

```
TRUE*1=1
FALSE*1=0
```

区域 $B$2:$B$6 中刚好有 2 个是投资处，跟我们的公式计算一样。

解读完记得按 Esc 键，将公式返回原来的样子，区域也要重新改回来，否则会出错，切记！

（2）如图 6-65 所示，统计科室领用用品的次数。

	A	B	C	D	E	I	J	K
1	日期	科室	领用用品	数量		科室	领用用品	次数
2	2016-3-1	投资处	订书机	15		交通处	签字笔	
3	2016-3-3	核算处	订书机	14		综合处	回形针	
4	2016-3-5	财务处	签字笔	19				
5	2016-3-7	综合处	回形针	29				
6	2016-3-9	投资处	订书机	29				
7	2016-3-10	核算处	订书机	14				
8	2016-3-11	财务处	签字笔	19				
9	2016-3-11	综合处	回形针	29				
10	2016-3-13	投资处	订书机	29				
11	2016-4-1	交通处	签字笔	7				
12	2016-4-4	综合处	签字笔	16				
13	2016-4-4	综合处	签字笔	16				
14	2016-4-4	综合处	签字笔	16				
15	2016-4-5	核算处	签字笔	18				
16	2016-4-5	核算处	签字笔	18				

图 6-65　科室领用用品的次数

在 K2 输入公式，并双击填充公式。

```
=SUMPRODUCT(($B$2:$B$26=I2)*($C$2:$C$26=J2))
```

知识扩展：

如图 6-66 所示，统计每个月份的次数，区域引用整列出错。

N2		:	×	✓	fx	=SUMPRODUCT((MONTH(A:A)=M2)*1)

	A	B	C	D	E	M	N	O
1	日期	科室	领用用品	数量		月份	次数	
2	2016-3-1	投资处	订书机	15		3	#VALUE!	
3	2016-3-3	核算处	订书机	14		4	#VALUE!	
4	2016-3-5	财务处	签字笔	19		5	#VALUE!	
5	2016-3-7	综合处	回形针	29				
6	2016-3-9	核算处	订书机	29				
7	2016-3-10	核算处	订书机	14				
8	2016-3-11	财务处	签字笔	19				

图 6-66　引用整列出错

在使用 SUMPRODUCT 函数的时候，区域千万不要引用整列，这是一个非常不好的习惯！

不要贪图一时方便，正确的使用方法是在 N2 输入下面的公式，双击填充公式。

```
=SUMPRODUCT((MONTH($A$2:$A$26)=M2)*1)
```

如果以后数据会增加，这时可以把区域改大一点，同时增加一个条件判断单元格为非空。

```
=SUMPRODUCT((MONTH($A$2:$A$999)=M2)*($A$2:$A$999<>""))
```

课后练习

如图 6-67 所示，统计年份各科室出现的次数。

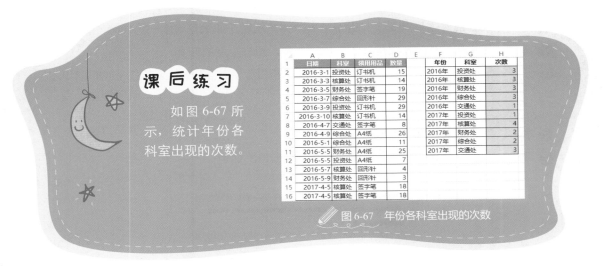

图 6-67　年份各科室出现的次数

Day48 VLOOKUP 函数一篇就够

1. 根据姓名查找职业

卢子：如图 6-68 所示，这里有一份人员信息对应表，如何通过姓名，查找对应的职业？

木木：这个我想到了 2 种方法：

（1）复制姓名，然后用查找功能，找到对应值，粘贴上去。

（2）复制姓名，然后用筛选功能，筛选出对应值，粘贴上去。

图 6-68　人员信息对应表

卢子：现在的姓名只有 5 个，用不了 2 分钟就搞定，如果是 500 个，5000 个呢？

木木：那我就只有躲在墙角哭的份，这么多，加班加点的节奏。

卢子：这时就是 VLOOKUP 函数彰显神威的时刻，有这么一句话形容 VLOOKUP 函数：自从学了 VLOOKUP 函数，腿也不疼了，腰也不酸了，吃嘛嘛香，身体倍儿棒！

木木：疗效这么好，我也想学一学！

卢子：这个函数有点难，有 4 个参数，我先慢慢跟你说。

如图 6-69 所示，VLOOKUP 函数语法：

=VLOOKUP(① 查找值, ②在哪个区域查找,③返回区域中第几列④匹配方式（精确/模糊））

根据查找值返回对应值

图 6-69　VLOOKUP 函数语法

如图 6-70 所示，用实例来说明会更加清楚。

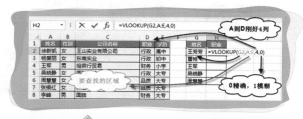

图 6-70　图解 VLOOKUP 函数

木木：看到你这个图，多看 2 遍，发觉我都能看懂了。

2. 根据姓名按顺序查找多列对应值

卢子：既然你都会了，那我就来考考你。如图 6-71 所示，如何根据姓名，依次返回性别、公司名称、职业、学历？

图 6-71　多条件查询

木木：这个难不倒我。

　　查找的值：G2

　　要查找的区域：A:E

　　匹配方式：0（精确查找）

　　唯一不同的是，返回区域的第几列，分别是 2,3,4,5。

　　H2 的公式为：

```
=VLOOKUP(G2,A:E,2,0)
```

　　I2 的公式为：

```
=VLOOKUP(G2,A:E,3,0)
```

　　J2 的公式为：

```
=VLOOKUP(G2,A:E,4,0)
```

K2 的公式为：

```
=VLOOKUP(G2,A:E,5,0)
```

卢子：不错，这也是一种方法。因为 VLOOKUP 函数的其他 3 个参数都是固定的，只有一个变动，这时也可以借助其他方法来完成。

要返回列号，其实可以借助 COLUMN 函数，这个函数非常简单，就只有一个参数。如图 6-72 所示，在任意单元格输入公式，然后右拉，就可以自动生成 1 ～ N。

```
=COLUMN(A1)
```

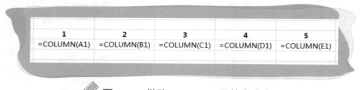

1	2	3	4	5
=COLUMN(A1)	=COLUMN(B1)	=COLUMN(C1)	=COLUMN(D1)	=COLUMN(E1)

图 6-72　借助 COLUMN 函数生成序号

如果你细心的话，可以看到一个问题，就是里面的参数 A1，向右拖动公式的时候会变成 B1，C1，D1，E1，也就是不固定下来。同理 VLOOKUP 函数的第一参数如果跟着一起向右拖动公式也会改变，那怎么处理呢？

木木：这个好像用什么引用方式就可以，以前用过，现在不记得了。

卢子：如图 6-73 所示，输入公式后，不要急着按 Enter 键。先选择 G2，然后按 F4 键，注意观察编辑栏的变化，这时自动添加了两美元（$）。

如图 6-74 所示，通过不断地切换 F4 键，会分别改变美元（$）的位置。

图 6-73　F4 键的使用方法

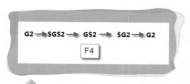

图 6-74　切换 F4 键的效果图

最终公式为：

```
=VLOOKUP($G2,$A:$E,COLUMN(B1),0)
```

这个美元（$）有什么作用呢？如图 6-75 所示。

（1）相对引用：就是行列都不给美元，这样公式复制到哪里，哪里就跟着变。

（2）绝对引用：行列都给美元，不管怎么复制公式，就是不会变。

（3）混合引用：只给行或者列美元，给行美元，行不变；给列美元，列不变。

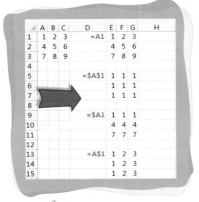

图 6-75　美元的作用

3. 根据公司简称获取电话

卢子：如图 6-76 所示，很多时候，我们输入公司名称都不会按全名输入，只是输入简称而已，如威航货运有限公司，就输入威航货运，现在要如何根据简称获取电话号码？

	A	B	C	D	E	F
1	公司名称	电话		公司简称	电话	
2	王山实业有限公司	30074321		威航货运		
3	东南实业	35554729		国顶		
4	坦森行贸易	5553932		森通		
5	国顶有限公司	45557788		国皓		
6	通恒机械	9123465		三捷		
7	森通	30058460				
8	国皓	88601531				
9	迈多贸易	85552282				
10	祥通	91244540				
11	广通	95554729				
12	光明奶业	45551212				
13	威航货运有限公司	11355555				
14	三捷实业	15553392				
15	浩天旅行社	30076545				
16	同恒	35557647				

图 6-76　根据公司简称获取电话

🔖 木木：原来大家都这么懒，以为只有我一个人这么做。前面说过如果 VLOOKUP 函数第四参数设置为 1 就是模糊查找，应该是利用这个特点来完成的。

如图 6-77 所示，在 E2 输入公式，并向下填充公式。

```
=VLOOKUP(D2,A:B,2,1)
```

图 6-77　错误的查询方法

怎么回事呢？怎么结果会这样子呢？

💡 卢子：VLOOKUP 函数的模糊匹配不是这么用的，而是运用在其他场合，等一下再和你说。这里涉及一个新知识点，就是通配符的使用。

在 Excel 中有两种通配符，分别是星号（*）和问号（?）。

星号（*）代表所有字符。

问号（?）代表一个字符。

我举个例子说明一下，我的全名陈锡卢是 3 个字符，卢是最后一个字，这时可以这么表示：?? 卢。

如果我现在没有给你提示是多少个字符，也就是有可能是 2 个、3 个或 4 个，这时就得用：* 卢。

因为是让你猜全名，所以前面的字符都是不确定的，也就是会用到通配符。

🔖 木木：貌似懂了一点，你再说说这个具体如何使用？

💡 卢子：回到实际例子，威航货运要查找威航货运有限公司的对应电话，就得用"威航货运 *"，也就是说查找第一个可以用：

```
=VLOOKUP(" 威航货运 *",A:B,2,0)
```

但总不能每个都改一下吧，这时就得利用一个文本连接符 &，将单元格和星号（*）连接起来。这个就像月老一样，给男女牵线，合在一起！

```
=" 男 "&" 女 "=" 男女 "
```

综合起来就是：

```
=VLOOKUP(D2&"*",A:B,2,0)
```

木木：这样子啊，懂了。

4. 模糊匹配获取等级

卢子：现在来和你说 VLOOKUP 函数的模糊匹配是怎么用的？

如图 6-78 所示，这个一般用在区间的查找上，比如根据区间查找等级。

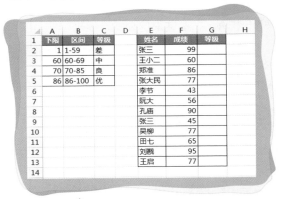

图 6-78　根据区间查找等级

在 G2 输入公式，并下拉填充公式。

```
=VLOOKUP(F2,A:C,3,1)
=VLOOKUP(F2,A:C,3)
```

木木：哦，现在我懂了。

知识扩展：

如图 6-79 所示，根据年份和科室两个条件查找金额。

图 6-79　多条件查找对应值

多条件查找对于高手来说，都是使用数组公式一步到位，不过看起来挺头晕的。

`=VLOOKUP(E2&F2,IF({1,0},A:A&B:B,C:C),2,0)`

什么是数组公式？

就是需要按 Ctrl+Shift+Enter 三键结束的公式，很难学的。

如图 6-80 所示，不过我们可以换一个思路，在单元格内先用辅助列将内容合并起来，然后用 VLOOKUP 函数解决。

辅助列就类似于我们以前读书的时候做数学题一样，经常会用到辅助线，简化运算过程。

在 H2 输入公式，并双击填充公式。

图 6-80　辅助列

```
=VLOOKUP(F2&G2,C:D,2,0)
```

有了辅助列，即使再多条件都通通可以搞定。

课 后 练 习

如图 6-81 所示，根据电话查找公司名称。

	A	B	C	D	E
1	公司名称	电话		电话	公司名称
2	王山实业有限公司	30074321		11355555	威航货运有限公司
3	东南实业	35554729		35554729	东南实业
4	坦森行贸易	5553932		30076545	浩天旅行社
5	国顶有限公司	45557788		45557788	国顶有限公司
6	通恒机械	9123465			
7	森通	30058460			
8	国皓	88601531			
9	迈多贸易	85552282			
10	祥通	91244540			
11	广通	95554729			
12	光明奶业	45551212			
13	威航货运有限公司	11355555			
14	三捷实业	15553392			
15	浩天旅行社	30076545			
16	同恒	35557647			

✏ 图 6-81　根据电话查找公司名称

Day49　VLOOKUP 函数你知错了吗

上一篇《VLOOKUP 函数一篇就够》基本上查询的都可以解决，不过里面提到都是正确的做法，而错误的做法却只字未提。今天就来聊一聊那些错误的做法，你都知道吗？一起来看看。

用法错误篇

如图 6-82 所示，根据左边的销售明细表查询年终奖的 3 种最常用错误用法。

错误 1：如图 6-83 所示，区域没锁定，下拉的时候区域就自动改变，从而出错。

```
=VLOOKUP(F2,A1:D9,4,0)
```

锁定区域，需要加美元，美元给了区域就固定不变。在中国用人民币（¥）好使，在微软的世界里，用美元（$）才好使。

图 6-82　3 种常用错误

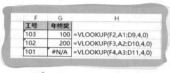

图 6-83　区域没锁定

正确用法：

```
=VLOOKUP(F2,$A$1:$D$9,4,0)
```

错误 2：选定的区域，首列没有包含查询值。

```
=VLOOKUP(F8,$A$1:$D$9,4,0)
```

如图 6-84 所示，正确的用法，区域需要从包含销售员这一列开始，记住，查询是根据这一列进行首列查询。

```
=VLOOKUP(F8,$B$1:$D$9,3,0)
```

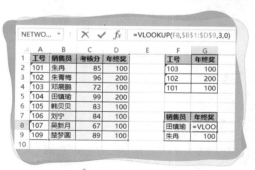

图 6-84　首列查询

错误 3：第 3 参数返回的列超出区域。

```
=VLOOKUP(F13,$B$1:$D$9,4,0)
```

B 到 D 才 3 列，你居然要返回第 4 列的值，肯定给你报错。

正确的用法：

```
=VLOOKUP(F13,$B$1:$D$9,3,0)
```

知识扩展：查无对应值

查无对应值又分成两种情况，一种是本身就不存在，一种是格式不同。

如图 6-85 所示，本身就不存在。

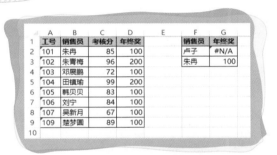

图 6-85　本身不存在

卢子这个不在明细表里面，所以返回错误，针对这种情况，可以嵌套一个容错函数 IFERROR。

```
=IFERROR(VLOOKUP(F2,$B$1:$D$9,3,0),"")
```

而格式不同又分成两种，数值格式查找文本格式和文本格式查找数值格式。

如图 6-86 所示，数值工号查找文本工号。

```
=VLOOKUP(F2,$A$1:$D$9,4,0)
```

数值转变成文本，可以通过 &"" 来实现。

```
=VLOOKUP(F2&"",$A$1:$D$9,4,0)
```

如图 6-87 所示，文本工号查找数值工号。

```
=VLOOKUP(F2,$A$1:$D$9,4,0)
```

图 6-86　数值工号查找文本工号　　　　　　　图 6-87　文本工号查找数值工号

文本转变成数值，可以通过 -- 来实现，负负得正，通过运算文本就变成数值。

```
=VLOOKUP(--F2,$A$1:$D$9,4,0)
```

课后练习

如图 6-88 所示，很奇怪的现象，明明销售员有对应值，公式也正确，但却出错了，你知道原因吗？

图 6-88　明明有对应值却出错

Day50　让你爽到爆的查询套路

VLOOKUP 函数是 Excel 中的大众情人，人见人爱，居然还有比他更棒的，究竟是谁？

给我站出来！！！

不急，慢慢来，在这之前先认识一个"垃圾"函数——LOOKUP。

这个 LOOKUP 函数有什么好学的，帮助都提到，如果区域没升序会可能导致出错，既然这样，那作用明摆着就很小。

帮助：为了使 LOOKUP 函数能够正常运行，必须按升序排列查询的数据。如果无法使用升序排列数据，请考虑使用 VLOOKUP、HLOOKUP 或 MATCH 函数。

说到"垃圾"这个就是微软给 LOOKUP 函数的标签。

（1）如图 6-89 所示，根据成绩的区间，判断等级。判断依据：成绩小于 60 不及格，大于等于 60 小于 70 及格，大于等于 70 小于 80 良好，大于等于 80 优秀。

	A	B	C	D
1	工号	姓名	成绩	等级
2	20150001	李飞	55	
3	20150002	王帅	99	
4	20150003	张华	70	
5	20150004	王祥	97	
6	20150005	李楠	78	
7	20150006	张洋	59	
8	20150007	武天	42	
9	20150008	罗燕	28	
10				

图 6-89　判断等级

在 D2 输入公式，双击填充公式。

```
=LOOKUP(C2,{0,"不及格";60,"及格";70,"良好";80,"优秀"})
```

这一点跟 VLOOKUP 函数的模糊查找其实是一样的。

（2）查找最后一个成绩和最后一个姓名。

最后一个数字用：

```
=LOOKUP(9E+307,C:C)
```

最后一个文本用：

```
=LOOKUP("座",B:B)
```

这个 9E+307 和 "座" 是什么意思？

先来看看下面几条公式：

```
=LOOKUP (10,{4;8;6;1;7;5;6;4;6;9})，返回 9
=LOOKUP (100,{4;8;6;1;7;5;6;4;6;9})，返回 9
=LOOKUP (1000,{4;8;6;1;7;5;6;4;6;9})，返回 9
```

也就是说，LOOKUP 函数查找到最后一个满足条件的值，在数字不确定的情况下，查找的值越大越能保证查找到的值的准确性。9E+307 是一个很大很大的数字，Excel 允许最大的数字不能超过 15 位，而 9E+307 是 9 乘以 10 的 307 次方，比最大值还要大，查找最后一个值是相当的保险。而“座”是一个接近最大的文本，虽然还有比“座”更大的文本，但正常情况不会出现，所以写“座”就能查找到最后一个文本。

（3）如图 6-90 所示，查询产品当前的价格。

	A	B
1	日期	市场价格
2	2017-4-5	39
3	2017-4-6	47
4	2017-4-7	41
5	2017-4-8	42
6	2017-4-9	43
7	2017-4-10	47
8	2017-4-11	47
9	2017-4-12	44
10	2017-4-13	42
11	2017-4-14	45
12	2017-4-15	46
13	2017-4-16	47
14		

图 6-90　产品市场价格

使用公式：

```
=LOOKUP(TODAY(),A2:B13)
```

正常产品的价格都会经常波动，当前的价格也就是今天之前的价格，今天就用 TODAY 函数，借助 LOOKUP 函数以大查小的特点就可以找到最后一个日期对应的价格。

（4）如图 6-91 所示，填充合并单元格的内容。

	A	B	C	D
1	效果	销售员	商品名称	金额
2	白雪	白雪	休闲鞋	7520
3	白雪		运动鞋	1880
4	刘梅	刘梅	板鞋	3150
5	郑浩	郑浩	板鞋	4162
6	郑浩		休闲鞋	9430
7	郑浩		运动鞋	2374
8	宗民	宗民	休闲鞋	1224
9	宗民		运动鞋	1224
10				

图 6-91　填充合并单元格的内容

在 A2 输入公式，下拉填充公式。

```
=LOOKUP("座",$B$2:B2)
```

按照微软的说法，LOOKUP 函数能做的大概就这几个了，但 LOOKUP 函数岂能被微软看衰！

看到 LOOKUP 函数有时会想起卢子本人，因为学历问题很多时候被人看不起，不过我依然坚强地活着，而且比很多人想象中的还好。其实 LOOKUP 函数比你想象中要好一万倍！

（1）如图 6-92 所示，逆向查询，根据电话，查找公司名称。

	A	B	C	D	E
1	公司名称	电话		电话	公司名称
2	王山实业有限公司	30074321		11355555	威航货运有限公司
3	东南实业	35554729		35554729	东南实业
4	坦森行贸易	5553932		30076545	浩天旅行社
5	国顶有限公司	45557788		45557788	国顶有限公司
6	通信机械	9123465			
7	森通	30058460			
8	国皓	88601531			
9	迈多贸易	85552282			
10	祥通	91244540			
11	广通	95554729			
12	光明奶业	45551212			
13	威航货运有限公司	11355555			
14	三捷实业	15553392			
15	浩天旅行社	30076545			
16	同恒	35557647			

图 6-92　根据电话查找公司名称

现代的阅读习惯都是从左到右，跟古代不同。VLOOKUP 函数很好用，如果要逆序查找，也就是从右到左，相对比较麻烦。传说中可以借用 IF({1,0},,) 组合来实现，不过要花费九牛二虎之力，吃力不讨好。这时他的兄弟 LOOKUP 函数就派上用场，借助这个函数却能轻而易举就办到。LOOKUP 函数不区分正常顺序和逆序，用在这里再合适不过。

在 E2 输入公式，双击填充公式。

```
=LOOKUP(1,0/($B$2:$B$92=D2),$A$2:$A$92)
```

LOOKUP 函数查询的经典语法：

```
=LOOKUP(1,0/((条件1)*(条件2)*…*(条件n)),返回区域)
```

跟 SUMPRODUCT 函数的求和套路非常像。

```
=SUMPRODUCT((条件1)*(条件2)*……*求和区域)
```

（2）如图 6-93 所示，多条件查找，根据年份和科室两个条件查找金额。

图 6-93　多条件查找

前面我们用 VLOOKUP 函数解决，不过需要借助辅助列才能完成。

LOOKUP 函数有查询的通用公式，直接套上去，轻轻松松搞定，不伤脑筋。

```
=LOOKUP(1,0/(($A$2:$A$11=E2)*($B$2:$B$11=F2)),$C$2:$C$11)
```

万般皆套路！

课后练习

如图 6-94 所示，根据姓名依次查找所有列的对应值。

图 6-94　根据姓名依次查找所有列的对应值

Day51　INDEX+MATCH 鸳鸯蝴蝶剑

INDEX 函数返回表格或区域中的值或值的引用。用白话来讲，就是你只要告诉我一个地址，我就能找到你，函数图解如图 6-95 所示。

第 1 参数可以是一个区域，也可以是一行或者一列。

返回 B2:B9 的第 5 行，也就是 A004。

```
=INDEX(B2:B9,5)
```

返回 B2:F2 的第 3 列，也就是材料名称。

```
=INDEX(B2:F2,3)
```

返回 B2:F9 的第 5 行，第 3 列，也就是乳胶漆。

```
=INDEX(B2:F9,5,3)
```

MATCH 在一组值中查找指定值的位置，函数图解如图 6-96 所示。

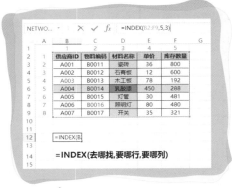

图 6-95　INDEX 函数图解

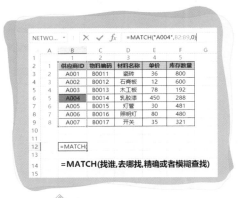

图 6-96　MATCH 函数图解

90% 的情况下都是用精确查找，也就是第 3 参数设置为 0。第 3 参数为 –1 或者 1 的时候是模糊查找。

VLOOKUP 函数作为函数界的武林霸主之一，一直傲视群雄，其实它也并非所向披靡，比如，我们下面这个案例，根据销售员查找对应的工号，如图 6-97 所示。

图 6-97　根据销售员所对应的工号

我们知道它的查找值必须位于查找区域的首列，这就决定了一般来说它只能实现从左到右进行查找。虽然也能通过 IF｛1，0｝的模式间接实现从右往左的反向查找，但是需要耗费很长时间。而此事对于 INDEX+MATCH 来说，却是易如反掌。

在 G2 输入公式，双击填充公式。

```
=INDEX(A:A,MATCH(F2,B:B,0))
```

如图 6-98 所示，根据销售员查找对应季度的销量。

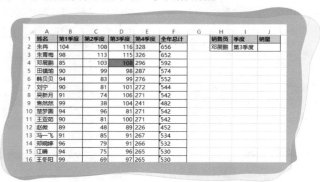

图 6-98　根据销售员查找对应季度的销量

在 J2 输入公式，双击填充公式。

```
=INDEX(A:F,MATCH(H2,A:A,0),MATCH(I2,$A$1:$F$1,0))
```

知识扩展：

如图 6-99 所示，MATCH 函数查找对应值的时候，如果区域中有多个对应值，只返回第一次出现的位置。

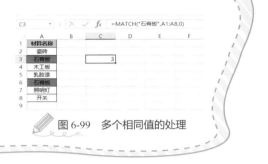

图 6-99　多个相同值的处理

课后练习

如图 6-100 所示，商品一段时间一个单价，根据价格对应表，查找每个商品的价格。

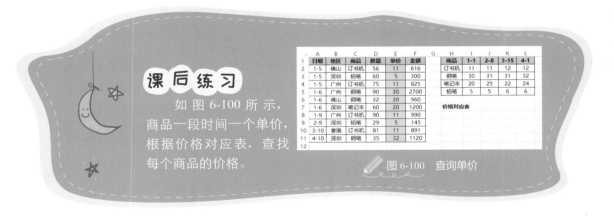

图 6-100　查询单价

Day52　字符合并和分离基础篇

卢子：如图 6-101 所示，国有国法，群有群规，有很多群，你进去后都要重新更改备注名字，比如我自己，通常这样设置群名：G- 海珠 - 卢子，性别 - 地名 - 网名。现在要如何将这些字段分成 3 列显示，分别获取性别、地名、网名？

木木：这样写备注挺好的，一眼就知道你在哪里工作，是帅哥还是美女。如图 6-102

所示，如果让我来做这个，直接用分列，分割符号，选择"其他"，输入"-"
就搞定。

图 6-101　获取性别、地名、网名

图 6-102　按 - 分列

卢子：这个方式确实是最方便的，但是技巧有一个缺点就是当数据源更新的时候，
不会自动更新，得重新分列一次才可以，而这一点函数却能智能办到。

性别就是左边 1 位，提取左边的函数用 LEFT，如图 6-103 所示，函数语法：

```
=LEFT(A2,1)
```

在 B2 输入公式，并下拉填充公式。

默认情况下，第二参数省略就是提取 1 位，也可以这样写公式：

```
=LEFT(A2)
```

再看网名，这个是从右边提取，与 LEFT 函数相反的就是 RIGHT 函数，如图 6-104
所示，语法跟 LEFT 函数一样。

图 6-103　LEFT 函数语法

图 6-104　RIGHT 函数语法

木木：这样啊，那这个我来做。

在 D2 输入公式，并下拉填充公式。

```
=RIGHT(A2,2)
```

卢子：不错，就是这样。再说提取地名，也就是提取中间的文本。如图 6-105 所示，用 MID 函数，函数语法如下：

这个函数的差别在于多一个参数，开始位置，也就是从哪一位开始提取的。地名都是从第 3 位开始，提取 2 位。

在 C2 输入公式，并下拉填充公式。

```
=MID(A2,3,2)
```

如图 6-106 所示，现在将 G-海珠 - 卢子改成 G- 潮州 - 卢子，效果立马更新，这是技巧做不到的。

=MID(① 字符串, ② 开始位置, ③ 提取N位)

从中间提取N位

图 6-105　MID 函数语法

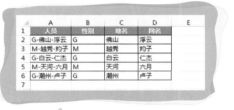

图 6-106　自动更新结果

木木：看来这几个函数还是有点用途的。

卢子：刚刚的人员信息规律性非常强，一眼就看出来。但现实中，很多信息都是不统一的，比如我的理财群，网名 + 职业，如图 6-107 所示，网名字符数不确定，有多有少，职业字符数也不确定。这种情况又是如何提取呢？

木木：这种高难度的我不会。

卢子：虽然网名的字符数不确定，但其实还是有规律的，就是在网名后面都是有分隔符号"-"，也就是提取"-"前面 1 位就行。现在的难点是如何确认这个"-"的位置？

如图 6-108 所示，查找文本在字符串中的位置有一个专门的函数 FIND，语法：

图 6-107　提取网名跟职业

图 6-108　FIND 函数语法

```
=FIND("-",A2)
```

如图 6-109 所示，这样就可以轻松获取 "-" 的位置。

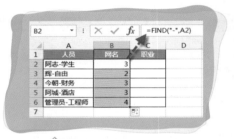

图 6-109　获取 "-" 的位置

网名的字符数就是：

```
=FIND("-",A2)-1
```

提取左边的字符用 LEFT 函数，合并起来就是：

```
=LEFT(A2,FIND("-",A2)-1)
```

职业的起始位置是 "-" 的位置 +1 位，也就是：

```
=FIND("-",A2)+1
```

虽然职业的长度并不确定，但是职业在最后面，只要提取的字符数大于职位的总长度就可以提取到，也就是说，我们可以将提取的长度写为 4。

综合起来就是：

```
=MID(A2,FIND("-",A2)+1,4)
```

木木：怎么感觉在考数学题一样，有点晕晕的？

卢子：确实，不过还好，这些都是简单的四则运算。你如果不懂的话，可以自己先数一数，多数几次就懂了。

如图 6-110 所示，有分就有合，现在如何将拆分的网名与职业合并起来呢？

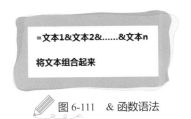

图 6-110　合并网名与职业

木木：还真折腾，一下子分，一下子合。

卢子：学习 Excel 就得折腾，才能学好。每次折腾一下，都可以学到新的技能。如图 6-111 所示，这里就要用到一个连字符 &，语法很简单：

=文本1&文本2&……&文本n

将文本组合起来

图 6-111　& 函数语法

这样就可以将内容合并起来：

```
=A2&B2
```

如果中间想加"-"，就可以用：

```
=A2&"-"&B2
```

& 类似于月老，专门给人牵红线。要想将两个人合在一起，就用红绳绑住对方。

知识扩展：

当合并的单元格比较多的时候，用 & 就会显得繁琐点，这时用 PHONETIC 函数最适合，如图 6-112 所示。

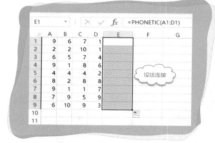

图 6-112 合并多单元格内容

当然这个函数本身也有限制，只能连接文本，数字的无法连接，这也是一个遗憾，如图 6-113 所示。

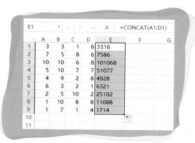

图 6-113 无法连接数字

用合适的方法做合适的事，如果是多单元格的文本连接首选 PHONETIC 函数，如果包含数字用 & 连接。

不过 Excel 2016 增强版来了以后，这些都不是问题，借助 2 个神奇的新函数任何内容都可以合并。

如图 6-114 所示，借助 CONCAT 函数合并数字。

图 6-114 合并数字

如果数字中间还想加一个分隔符号，也能轻松实现。

如图 6-115 所示，借助 TEXTJOIN 函数实现，第一参数就是使用的分隔符号。

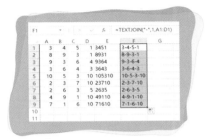

图 6-115　按分隔符号合并

课后练习

如图 6-116 所示，从身份证号码中提取出生日期。

图 6-116　提取出生日期

Day53 字符合并和分离提高篇

接上一篇继续聊字符合并和分离。

（1）如图 6-117 所示，在一堆字符串中，左边是文字，右边是数字，看字数长度又不确定，如何将两者分离开？

在 B2 单元格输入公式，并双击填充公式。

`=LEFT(A2,LENB(A2)-LEN(A2))`

在 C2 单元格输入公式，并双击填充公式。

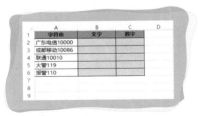

图 6-117　文字和数字分离

```
=RIGHT(A2,2*LEN(A2)-LENB(A2))
```

LEN 函数是统计字符数，他有一个带 B 的兄弟，LENB函数，语法跟 LEN 函数一样，但作用略有差异。LENB 函数是统计字节数，文字按 2 字节算，数字按 1 字节算。根据这个特点就可以来进行公式设置。

如图 6-118 所示，文字的个数就是，总字节减去总字符数，比如广东电信 10000，总字节数就是 13，而总字符数是 9，因为每个文字都多出一个字节数，13-9=4 就刚刚好是 4 个文字。

文字的提取，在 B2 单元格输入公式，并双击填充公式。

```
=LENB(A2)-LEN(A2)
```

因为文字在左边，就用 LEFT 函数提取。

而数字的个数，就是总字符数减去文字的字符数，也就是：

```
=LEN(A2) – 文字数 =LEN(A2)-(LENB(A2)-LEN(A2))=2*LEN(A2)-LENB(A2)
```

其实很多时候计算都跟数学差不多，如果稍微有点数学基础，学习函数嵌套会更有帮助。

知道了数字个数，因为是从右边提取，就可以直接嵌套 RIGHT 函数。

数字的提取，在 C2 单元格输入公式，并双击填充公式。

```
=RIGHT(A2,2*LEN(A2)-LENB(A2))
```

（2）如图 6-119 所示，在规格中间都有一些数字，如何将这些数字提取出来？

图 6-118　计算过程

图 6-119　规格中提取数字

这些数字看似没规律，但只要细心观察还是能找到规律的。

规格都是以"1×"开头，也就是从第 3 位开始提取。

规格后面都是单位，文字单位为 1 个字符，而英文单位为 2 个字符。英文其实和数字一样，字节数都是 1，也就是说 2 个字符的英文等同 1 个文字，所以说单位的字节数也是一样。

从中间提取可以用 MID 函数，但这个函数是与字符数有关，而不是字节。要根据字节提取，需要用到 MIDB 函数，其实说白了，凡是带 B 的函数都是与字节有关。中间开始的位置为 3，而要提取的总长度，就是总字节数减去开头的 1× 和单位，开头和单位都是 2 个字节，加起来就是 4 个字节，也就是：

```
=LNEB(B2)-4
```

在 C2 单元格输入公式，并双击填充公式。

```
=MIDB(B2,3,LENB(B2)-4)
```

知识扩展：

如图 6-120 所示，有的人因为工作需要会保留着不止一个联系号码，但通常情况下我们只需要其中一个即可，现在要获取最后面的号码，该如何做？

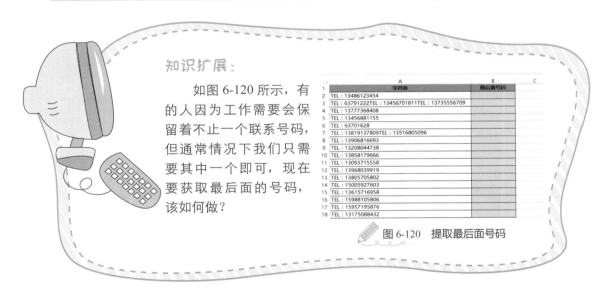

图 6-120　提取最后面号码

这个例子跟前面有点类似，只是里面的文字换成了英文字母，而字母和数字是没法借助字节和字符这些特点来提取。也就是带 B 函数一概派不上用场。

现在全部是单字节，不能借助字节数和字符数的特点来提取。这时就是见证奇迹的时刻！

在 B2 单元格输入公式，并双击填充公式。

```
=-LOOKUP(1,-RIGHT(A2,ROW($1:$15)))
```

ROW 函数现在我们已经很熟悉了，就是获取行号，ROW($1:$15) 获取 1 到 15 行。现在看看 RIGHT 的语法：

```
=RIGHT（文本，提取右边 N 位）
=RIGHT(A2,1) 得到 9
=RIGHT(A2,2) 得到 09
=RIGHT(A2,3) 得到 709
=RIGHT(A2,4) 得到 6709
……
=RIGHT(A2,11) 得到 13735556709
……
=RIGHT(A2,15) 得到 EL3：13735556709
=RIGHT(A2,ROW($1:$15))
```

如图 6-121 所示，也就是获取右边 1 ～ 15 位，要看一个公式的运算结果，可以在编辑栏用鼠标指针选择公式，这时背景色会变化，俗称抹黑。

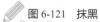
图 6-121　抹黑

按 F9 键，立即可以在编辑栏看到运算结果。

```
={"4";"54";"454";"3454";"23454";"123454";"6123454";"86123454
";"486123454";"3486123454";"13486123454";"：13486123454";"L：
13486123454";"EL：13486123454";"TEL：13486123454"}
```

因为这是多个结果，所以不能直接在一个单元格显示，需要借助 F9 键查看才行。

```
=-RIGHT(A2,ROW($1:$15))
```

就是将数字变成负数，文本变成错误值，同样在编辑栏选择公式抹黑，按 F9 键查看结果。

```
={-9;-9;-709;-6709;-56709;-556709;-5556709;-35556709;-735556709;
-3735556709;-13735556709;#VALUE!;#VALUE!;#VALUE!;#VALUE!}
```

现在用 1 在这些由负数和错误值组成的数组中查询对应值，因为 LOOKUP 函数会忽略错误值，再加上每个数字都会比 1 小，从而返回最后一个满足条件的值，这样就会提取到最后一个数字 -13735556709。

```
=LOOKUP(1,-RIGHT(A2,ROW($1:$15)))
```

既然将数字变成负数，就得想办法将它复原，再加一个负号就可以，负负得正。

```
=-LOOKUP(1,-RIGHT(A2,ROW($1:$15)))
```

为什么要提取 1 到 15 位而不是提取 1 到更多位呢？

因为 Excel 允许的最大数字刚好是 15 位，提取再多也没有意义，只要保证能提取到全部数字就行。其实手机号是 11 位，将 15 换成 11 也可以得到正确结果。

课后练习

如图 6-122 所示，根据前面所学技能，至少用 3 种方法提取月份中的数字。

图 6-122　提取数字

Day54 SUBSTITUTE 和 REPLACE 函数的运用

卢子：如图 6-123 所示，是用替换实现的效果，木木你懂得如何操作吗？

图 6-123　字符替换

木木：这个借助替换功能我可以实现第 1 种效果，第 2 种效果就不知道如何实现？

卢子：用常规的替换功能有一些局限性，借助 SUBSTITUTE 函数却可以实现很多直接替换无法实现的功能。

将"喜欢"替换成"爱"：

```
=SUBSTITUTE(A2,"喜欢","爱")
```

将第 2 个"喜欢"替换成"爱"：

```
=SUBSTITUTE(A2,"喜欢","爱",2)
```

SUBSTITUTE 函数语法：

```
=SUBSTITUTE(文本字符串，旧内容，新内容，[替换第几个])
```

说明：省略第 4 参数表明全部替换。

实际案例，求实际原始文本中的人数，如图 6-124 所示。

A	B
原始文本	人数
邓展鹏、田镇瑜、韩贝贝、刘宁、王亚茹	5
邓展鹏、田镇瑜、韩贝贝	3
卢子、张三	2
陈锡卢	1
卢子、张三、王五	3

图 6-124　求人数

通过观察，人数就是比分隔符号"、"多 1 个。只要能统计出"、"的数量，就可以统计出实际人数。

"、"的数量就是原始文本的字符数，减去没有"、"的字符数。

如图 6-125 所示，将上面的话转换成 Excel 语言，先用 SUBSTITUTE 函数将"、"替换掉，然后用 LEN 测试原始文本的长度再减去没有"、"的文本长度，统计出来"、"的个数，人数就是"、"的个数加 1 个。

	A	B	C	D
1	原始文本	没有"、"的文本	"、"的个数	人数
2	邓展鹏、田镇瑜、韩贝贝、刘宁、王亚茹	邓展鹏田镇瑜韩贝贝刘宁王亚茹	4	5
3	邓展鹏、田镇瑜、韩贝贝	邓展鹏田镇瑜韩贝贝	2	3
4	卢子、张三	卢子张三	1	2
5	陈扬卢	陈扬卢	0	1
6	卢子、张三、王五	卢子张三王五	2	3
7				
8		使用公式：		
9		=SUBSTITUTE(A2,"、","")	=LEN(A2)-LEN(B2)	=C2+1
10				

 图 6-125　运算图

将这三条公式综合起来：

```
=LEN(A2)-LEN(SUBSTITUTE(A2,"、",""))+1
```

其实公式就是这样，不断地拆分与组合，挺有意思的。

知识扩展：

REPLACE 也是替换函数的一种，可以替换指定位置处的任意文本。

REPLACE 函数语法：

=REPLACE（文本字符串，起始位置，替换字符的个数，新文本）

如图 6-126 所示，隐藏手机号码中间四位。

图 6-126　隐藏手机号码中间四位

```
=REPLACE(A2,4,4,"****")
```

如果不借助 REPLACE 函数，用其他函数难度就会大很多。

```
=LEFT(A2,3)&"****"&RIGHT(A2,4)
```

课后练习

如图 6-127 所示，在源数据中第 3 位开始，添加和卢子这 3 个字符进去。

图 6-127　添加字符

Day55　最大值和最小值相关函数教程

卢子：如图 6-128 所示，我们经常会看到在比赛的时候，评委评分都会去除最大值和最小值，然后求平均数，这个你懂得怎么操作吗？

木木：这个结合前面的知识点我可以做出来，先用 SUM 函数求和，然后依次用 MAX 函数求最大值，用 MIN 函数求最小值，用总和减去最大小值，最后除以 8 个数就搞定。

```
=(SUM(B2:K2)-MAX(B2:K2)-MIN(B2:K2))/8
```

卢子：木木真的越来越棒了，什么问题都难不倒你，常规函数用得越来越熟！

这里给你介绍一个不是很常用的 TRIMMEAN 函数，专门用于处理这些去除异常的值。

如图 6-129 所示，TRIMMEAN 函数语法说明：

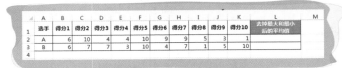

图 6-128　评委评分

=TRIMMEAN(① 区域, ②极值比例)

去除最大小值求平均

图 6-129　TRIMMEAN 函数语法

极值比例我简单说明一下，如果要去除最大小值，就是去除 20%，也就是 0.2；如果要去除前 2 大前 2 小，就是 0.4。

也就是说去掉最大和最小值后的平均值为：

```
=TRIMMEAN(B2:K2,0.2)
```

木木：原来如此简单，我还笨笨地用了那么多函数，大涨见识了！

知识扩展：

除了最大小值，还有第 N 大小值。

如图 6-130 所示，获取第 2 名的销售金额。

图 6-130　第 2 名的销售金额

使用公式：

```
=LARGE(B2:B11,2)
```

LARGE 函数语法：

```
=LARGE（查找的区域，指定要找第几大值）
```

如图 6-131 所示，如果要将销售金额从大排到小可用公式：

```
=LARGE($B$2:$B$11,ROW(A1))
```

图 6-131　将销售金额从大排到小

而 SMALL 函数就跟 LARGE 函数完全相反，从小排到大，不过语法完全一样。要获取倒数第 2 名的销售金额可用公式：

```
=SMALL(B2:B11,2)
```

课后练习

如图 6-132 所示，将销售金额从小到大排序。

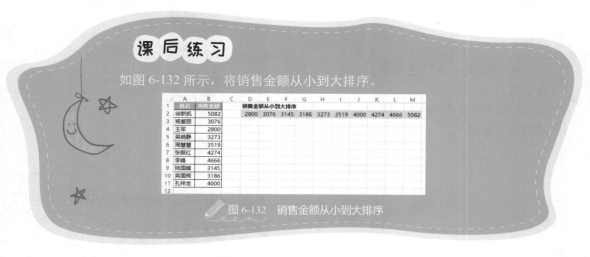

图 6-132　销售金额从小到大排序

Day56　常用日期函数的实际运用

卢子：如图 6-133 所示，要将销售日期的年月日提取出来，你懂得如何做吗？

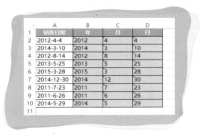

图 6-133　提取年月日

木木：这有何难，按分隔符号 "-" 分列就解决的事儿，如图 6-134 所示。

图 6-134　分列

卢子：这也是一种方法，其实也可以借助函数来实现。

年、月、日相对应的公式，输入后双击填充公式。

```
=YEAR(A2)
=MONTH(A2)
=DAY(A2)
```

用法很简单，就不做详细说明。

日期是整数，改成常规后它会显示一个序列号，那么这个序列号是怎么来的呢？以 1900-1-1 开始，每过一天加 1 的数字。

因此，日期还可以进行加减运算。

如图 6-135 所示，付款日期为销售日期＋ 30 天。

在 B4 单元格输入公式，并向下填充公式。

```
=A4+$B$1
```

如图 6-136 所示，日期可以拆分，也就可以合并，计算 2017 年 6 月付款日。

图 6-135　获取付款日期

图 6-136　当月付款日

在 C6 使用公式，并向下填充公式。

```
=DATE($A$2,$B$2,B6)
```

DATE 函数语法：

```
=DATE(年,月,日)
```

如图 6-137 所示，DATE 函数还能返回 2 月份最后一天。

图 6-137　2月份的天数

使用公式：

```
=DATE(A2,3,0)
=DAY(B2)
```

有时候我们不确定 2 月有多少天，这时候有个巧妙的做法，我们可以求 3 月份 0 号的值，DATE 函数知道 0 号不存在，于是便返回 3 月 1 号的前一天的日期。这样我们就可以求得 2 月的最后一天，从而求得 2 月有多少天。

如图 6-138 所示，求各位员工的退休日期，男的 60 岁退休，女的 55 岁退休。

图 6-138　退休日期

在 D2 单元格输入公式，并向下填充公式。

```
=DATE(YEAR(C2)+IF(B2="男",60,55),MONTH(C2),DAY(C2))
```

先用 IF 函数判断是否为男，男的返回 60，女的返回 55。再用 YEAR、MONTH 和 DAY 函数依次获取年月日，结合 DATE 函数组合新的日期。

借助 EDATE 函数会更简单。

```
=EDATE(C2,IF(B2=" 男 ",60*12,55*12))
```

EDATE 函数语法：

```
=EDATE( 日期 , 之前 / 之后月份 )
```

正数就是之后的月份，1 年 12 个月，60 年就是 60*12。

负数就是之前的月份，比如 -3，就是这个日期之前的 3 个月。

知识扩展：

如图 6-139 所示，还有一个比较常用的隐藏函数 DATEDIF，在输入的时候没有任何提示，如果你没用过，你可能怀疑自己输入错误。

如图 6-140 所示，正常的函数在输入的时候都会有提示的。

图 6-139　隐藏函数

图 6-140　正常函数

DATEDIF 函数很好用，至于微软为什么要将它隐藏起来，这个只有微软自己知道。

如图 6-141 所示，根据出生日期，算周岁。

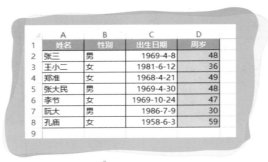

图 6-141　周岁

```
=DATEDIF(C2,NOW(),"Y")
```

DATEDIF 函数语法：

```
=DATEDIF（起始日期，结束日期，返回类型）
```

参数 3 返回类型共有 6 种：

"Y" 时间段中的整年数

"M" 时间段中的整月数

"D" 时间段中的天数

"MD" 日期中天数的差，忽略日期中的月和年

"YM" 日期中月数的差，忽略日期中的日和年

"YD" 日期中天数的差，忽略日期中的年

课后练习

如图 6-142 所示，计算登记时间与会员结束时间相隔月份。

图 6-142　相隔月份

第 7 章
数据统计分析神器

很多人仅仅是数据录入员，将数据录入 OK 就完事，但实际上，这是初级层次的。除了录入数据，我们还需要对数据进行处理分析，挖掘出数据存在的含义，为领导的决策提供强有力的数据分析依据。

一直以来卢子都强调，如果 Excel 只学一个功能，那必须是数据透视表，因为实在太强大了。各角度统计分析分分钟完成，操作简单，再结合一些排序、筛选等常用小技巧就变得更智能化。

跟卢子一起学 Excel
早做完，不加班

Day57 排序小技巧

扫一扫 看视频

1. 对工资进行降序排序

> 卢子：如图 7-1 所示，这是一份最原始的工资录入表，未做任何处理，粗略一看没问题，但实际上很乱。比如工资没有进行排序，这样看不出最高工资多少，最低工资多少，最高是谁，最低是谁。木木，你来对工资进行降序排序。

	A	B	C	D	E
1	部门	姓名	性别	工资	
2	生产	杨林春	男	2300	
3	生产	刘新民	男	2300	
4	生产	张国荣	女	2500	
5	生产	葛民福	男	5100	
6	包装	杨兆红	女	1700	
7	包装	左建华	女	7300	
8	包装	李志红	男	2300	
9	包装	姚荣国	男	1900	
10	包装	郝晓花	女	3400	
11	包装	陈爱文	男	3800	
12	生产	郭玉英	女	3700	
13	生产	田玉清	男	3300	
14	生产	王俊资	女	1000	
15	生产	尚玲芝	女	1400	
16	包装	祁友平	女	4900	

图 7-1 原始的工资录入表

> 木木：排序这个很简单。

如图 7-2 所示，选择 D 列，切换到"数据"选项卡，单击"降序"按钮，弹出"排序提醒"对话框，保持默认不变，单击"排序"按钮。

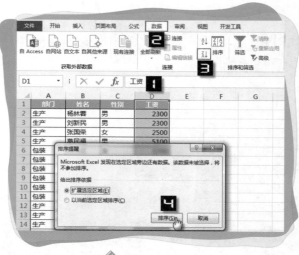

图 7-2 降序排序

如图 7-3 所示，这操作起来太顺畅了，分分钟搞定。做销售的最厉害，最高工资为 7900 元！

卢子：如图 7-4 所示，经过降序以后，看起来就非常清晰，如果要看最低工资，单击单元格 D1，借助快捷键 Ctrl+ ↓ 就快速返回最后一个单元格的值，也就是最低工资。最低工资是生产部的王俊贤，哎，做着最辛苦的活，拿着最少的工资！

	A	B	C	D	E
1	部门	姓名	性别	工资	
2	销售	徐嘉荣	女	7900	
3	包装	左建华	女	7300	
4	销售	刘新萍	女	6800	
5	销售	苏健珍	女	6200	
6	销售	程巧荣	女	6100	
7	包装	纪学兰	女	6000	
8	包装	杨秀平	女	5400	
9	生产	惠民福	男	5100	
10	销售	苗晓凤	女	5000	
11	销售	祁友平	女	4900	
12	生产	何义	男	4800	
13	包装	陈国利	男	4400	
14	销售	梁建栋	男	4000	
15	销售	原玉婵	女	4000	
16	销售	贺丽芳	女	3900	

图 7-3　排序后效果

30	包装	杨兆红	女	1700
31	生产	尚玲芝	女	1400
32	包装	史阳阳	女	1400
33	包装	李贵然	男	1400
34	生产	王俊贤	女	1000
35				

图 7-4　最低工资

木木：其实做会计也好不到哪里去，累死累活，最后工资也不高。

2. 对部门和工资两个条件进行降序排序

卢子：有这么一句话：乞丐不会去妒忌百万富翁，但他会妒忌比他讨钱更多的乞丐！对全公司的工资进行了排序后，接下来就得对每个部门内部员工的工资进行排序，对同一部门的工资进行比较，价值会更大。

木木：我就不会妒忌你，因为我们不是同一个级别的。

因为事先已经对工资进行降序排序，现在只需再选择部门，进行降序即可。

如图 7-5 所示，选择 A 列，切换到"数据"选项卡，单击"降序"按钮，弹出"排序提醒"对话框，保持默认不变，单击"排序"按钮。

卢子：对于多条件排序，我一般采用其他的办法。

Step 01　如图 7-6 所示，单击单元格 A1，切换到"数据"选项卡，单击"排序"按钮。

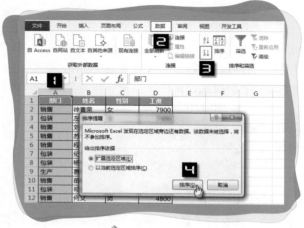

图 7-5　降序排序

图 7-6　排序

Step 02 如图 7-7 所示，弹出"排序"对话框，在主要关键字的下拉列表框选择"部门"，在次序的下拉列表框选择"降序"。这样就是对部门进行降序排序。

Step 03 如图 7-8 所示，因为还有一个排序条件是工资，这时可以单击"添加条件"，就出现了一个次要关键字，在下拉列表框选择"工资"，在次序的下拉列表框选择"降序"，单击"确定"按钮。

经过以上三步操作，效果就出来，如图 7-9 所示。用这种方法的好处就是，如果排序的条件有很多个，可以一直添加条件，不用多次按降序排序，避免搞混淆。

图 7-7 对部门降序排序

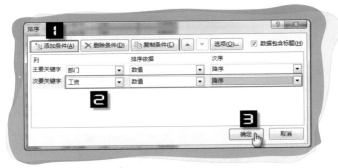

图 7-8 对工资降序排序

图 7-9 排序后效果

❓木木：如果有多个条件排序，这种方法也挺不错。

3. 借助排序生成工资条

💡卢子：如图 7-10 所示，现在要根据这份工资表，生成工资条，如果是你，会怎么操作？

图 7-10　工资条

❓木木：复制表头，插入表头，再复制表头，再插入表头，如此循环直到搞定。

💡卢子：还好你动作快，不要那么久，如果像我这种的，半天都不知道能不能搞完。在你感觉繁琐的时候，就停下来思考，兴许就能找到更快捷的方法。其实排序也可以很强大，只需借助小小的辅助列就能达到这个效果。

Step 01 如图 7-11 所示，在 E2 输入 1，双击单元格，单击"自动填充选项"，选择"填充序列"单选按钮。

图 7-11　填充序列

Step 02 如图 7-12 所示，复制生成的序号，单击单元格 E35，把序号粘贴上去。

	A	B	C	D	E	F
31	包装	姚荣国	男	1900	30	
32	包装	杨兆红	女	1700	31	
33	包装	史阳阳	女	1400	32	
34	包装	李贵然	男	1400	33	
35					1	
36					2	
37					3	
38					4	
39					5	
40					6	

图 7-12　粘贴序号

Step 03 如图 7-13 所示，再将表头复制到工资表下面的区域。

32	包装	杨兆红	女	1700	31
33	包装	史阳阳	女	1400	32
34	包装	李贵然	男	1400	33
35	部门	姓名	性别	工资	1
36	部门	姓名	性别	工资	2
37	部门	姓名	性别	工资	3
38	部门	姓名	性别	工资	4
39	部门	姓名	性别	工资	5
40	部门	姓名	性别	工资	6
41	部门	姓名	性别	工资	7
42	部门	姓名	性别	工资	8
43	部门	姓名	性别	工资	9
44	部门	姓名	性别	工资	10
45	部门	姓名	性别	工资	11
46	部门	姓名	性别	工资	12

图 7-13　复制表头

Step 04 如图 7-14 所示，选择 E 列，切换到“数据”选项卡，单击“升序”按钮，弹出“排序提醒”对话框，保持默认不变，单击“排序”按钮。

如图 7-15 所示，这样工资条就出来了，再将辅助列删除掉。

木木：这个方法不错，挺简单的。

卢子：有人说过，这是世上最简捷的工资条制作方法。

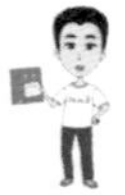

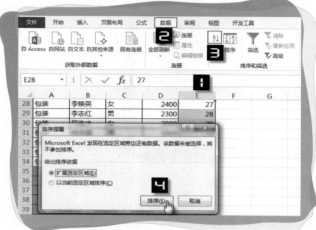

图 7-14　升序排序

图 7-15　工资条制作完成

知识扩展：

　　如图 7-16 所示，每个公司都有自己的一套部门排序方法，特别是对于秘书这个岗位，有的公司权力很大，有的没权力。如何按照这种特定的顺序进行排序呢？

图 7-16　特定排序

Excel 提供了一个自定义排序方法，但自从学会了 MATCH 函数就基本不用自定义排序，自定义排序方法非常繁琐。而借助辅助列却能轻松实现。

在 E2 单元格输入公式，并双击填充公式。

```
=MATCH(A2,G:G,0)
```

如图 7-17 所示，选择 E 列，切换到"数据"选项卡，单击"升序"按钮，弹出"排序提醒"对话框，保持默认不变，单击"排序"按钮。

这样就成功地按照特定顺序排序。

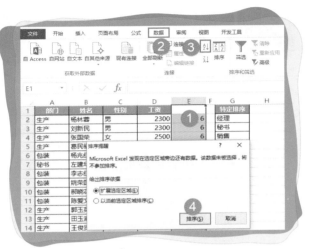

图 7-17　排序

课后练习

如图 7-18 所示，尝试用自定义排序的方法，对部门进行排序。

图 7-18　特定排序

扫一扫 看答案

Day58 筛选小技巧

扫一扫 看视频

1. 将包装部的人员信息筛选出来

卢子： 如图 7-19 所示，现在各部门的人员信息都在一起，如果我只是想得到包装部的人员信息，你懂得如何操作吗？

	A	B	C	D	E
1	部门	姓名	性别	工资	
2	销售	徐喜荣	女	7900	
3	包装	左建华	女	7300	
4	销售	刘新萍	女	6800	
5	销售	苏健珍	女	6200	
6	销售	程巧荣	女	6100	
7	包装	纪学兰	女	6000	
8	包装	杨秀平	女	5400	
9	生产	惠民福	男	5100	
10	销售	苗晓凤	女	5000	
11	包装	祁友平	女	4900	
12	销售	何义	男	4800	
13	包装	陈国利	男	4400	
14	销售	梁建栋	男	4000	
15	销售	原玉婵	女	4000	
16	销售	贺丽芳	女	3900	

图 7-19　各部门的人员信息表

木木： 这个难不倒我。

Step 01　如图 7-20 所示，单击单元格 A1，切换到"数据"卡，单击"筛选"按钮。

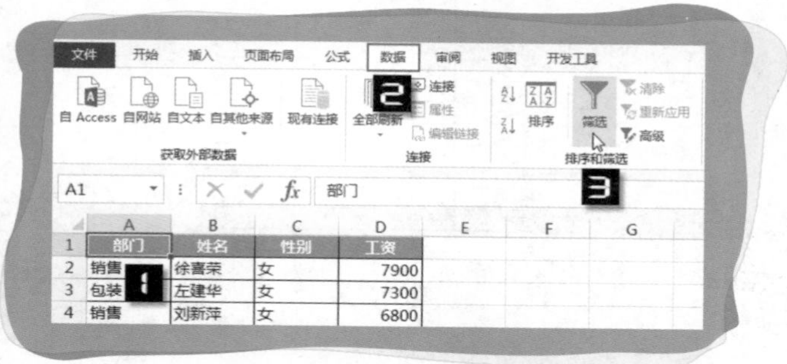

图 7-20　筛选

Step 02 如图 7-21 所示，单击"部门"的筛选按钮，取消勾选"生产"和"销售"前面的复选框，单击"确定"按钮。

如图 7-22 所示，经过两个简单的步骤就搞定。

图 7-21　取消生成跟销售筛选

图 7-22　筛选后效果

卢子：很好，经过筛选后，我们就只看到需要的信息而已。

最近学习到一种超级简单的筛选方法，跟你说一下。

如图 7-23 所示，现在要筛选部门为包装，直接选择任意"包装"的单元格，右击选择"筛选"→"将所选单元格的值筛选"选项，非常方便快捷。

图 7-23　将所选单元格的值筛选

2. 将工资前 5 名的人员信息筛选出来

🗨 **卢子**：如图 7-24 所示，刚刚是最基础的筛选的用法，现在我和你说一下筛选的其他用法。现在要从工资明细表中筛选工资前 5 名的人员信息。

Step 01 如图 7-25 所示，单击"工资"的筛选按钮，选择"数字筛选"，单击"前 10 项"。

	A	B	C	D	E
1	部门	姓名	性别	工资	
2	包装	左建华	女	7300	
3	包装	纪学兰	女	6000	
4	包装	杨秀平	女	5400	
5	包装	祁友平	女	4900	
6	包装	陈国利	男	4400	
7	包装	陈爱文	女	3800	
8	包装	郝晓花	女	3400	
9	包装	李焕英	女	2400	
10	包装	李志红	男	2300	
11	包装	弓连才	女	2000	
12	包装	姚荣国	男	1900	
13	包装	杨兆红	女	1700	
14	包装	史阳阳	女	1400	
15	包装	李贵然	男	1400	
16	生产	葛民福	男	5100	

✏️ 图 7-24　人员信息表

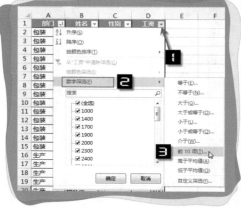

✏️ 图 7-25　前 10 项

Step 02 如图 7-26 所示，弹出"自动筛选前 10 个"对话框，将 10 改成 5，单击"确定"按钮。

如图 7-27 所示，现在就将工资最高的 5 个人信息筛选出来了。

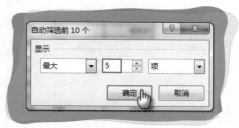

✏️ 图 7-26　最大 5 项

	A	B	C	D	E
1	部门	姓名	性别	工资	
2	包装	左建华	女	7300	
24	销售	徐喜荣	女	7900	
25	销售	刘新萍	女	6800	
26	销售	苏健珍	女	6200	
27	销售	程巧荣	女	6100	
35					

✏️ 图 7-27　筛选后结果

❓ **木木**：又学到一个技能。

3. 高级筛选提取不重复部门

卢子：如图 7-28 所示，是人员信息表。前面说到的都是常规的筛选，现在跟你说一下高级筛选，提取不重复的部门。

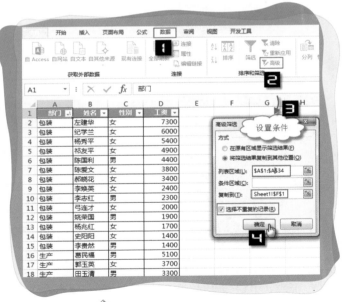

图 7-28 人员信息表

如图 7-29 所示，切换到"数据"选项卡，单击"高级"按钮，弹出"高级筛选"对话框，方式选择"将筛选结果复制到其他位置"，设置列表区域为 $A$1:$A$34，复制到 $F$1，勾选"选择不重复的记录"复选框，单击"确定"按钮。

图 7-29 高级筛选提取不重复

如图 7-30 所示，这样就能获取不重复的部门名称。

	A	B	C	D	E	F	G
1	部门	姓名	性别	工资		部门	
2	包装	左建华	女	7300		包装	
3	包装	纪学兰	女	6000		生产	
4	包装	杨秀平	女	5400		销售	
5	包装	祁友平	女	4900			
6	包装	陈国利	男	4400			
7	包装	陈爱文	女	3800			
8	包装	郝晓花	女	3400			
9	包装	李焕英	女	2400			
10	包装	李志红	男	2300			
11	包装	弓连才	女	2000			
12	包装	姚荣国	男	1900			
13	包装	杨兆红	女	1700			
14	包装	史阳阳	女	1400			
15	包装	李贵然	男	1400			
16	生产	葛民福	男	5100			
17	生产	郭玉英	女	3700			

图 7-30　不重复效果

木木：原来还有一个高级筛选，长见识了。

知识扩展：

　　高级筛选是一个很神奇的功能，可以让你随心所欲地进行各种筛选。

　　将部门为包装，姓名里面包含陈的，性别为女的所有记录筛选出来。

　　如图 7-31 所示，切换到"数据"选项卡，单击"高级"按钮，弹出"高级筛选"对话框，方式选择"将筛选结果复制到其他位置"，设置列表区域为 $A$1:$D$34，条件区域为知识扩展 !$F$1:$H$2，复制到知识扩展 !$F$5，单击"确定"按钮。

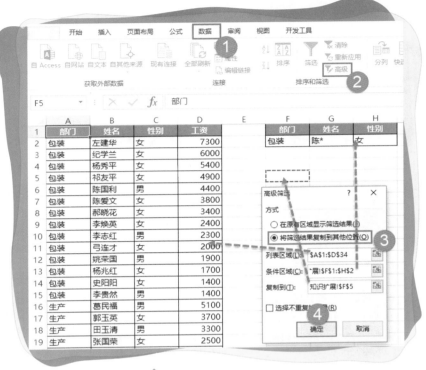

图 7-31　按条件高级筛选

如图 7-32 所示，条件是"并且"就写在同一行，条件是"或者"就写在不同行。

图 7-32　条件表示法

如图 7-33 所示，将性别为女的或者工资大于 5000 的筛选出来。

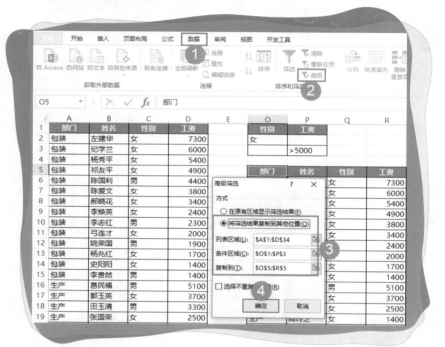

✏️ 图 7-33　将性别为女的或者工资大于 5000 的筛选出来

课后练习

如图 7-34 所示，将姓名包含"国"字的筛选出来。

	A	B	C	D
1	部门 ▼	姓名 ▼	性别 ▼	工资 ▼
6	包装	陈国利	男	4400
12	包装	姚荣国	男	1900
19	生产	张国荣	女	2500
35				

✏️ 图 7-34　将姓名包含"国"字的筛选出来

Day59 Excel 中最强大的功能

扫一扫 看视频

什么是 Excel 中最强大的功能？有人说是函数与公式，有人说 VBA，但我要告诉你，都不是。Excel 中最强大的功能是数据透视表！

1. 多变的要求

卢子：木木，跟你说一件我经历过的事儿。事情是这样的，某一天领导像疯了一样，不断地向我提要求，让我统计各种数据。

如图 7-35 所示，统计每个地区的销售金额。

如图 7-36 所示，统计每个地区各个销售部门的销售金额。

地区	金额
澳门	3901
佛山	237377
广州	1067076
深圳	572554
香港	3284
总计	1884192

图 7-35　统计每个地区的销售金额

求和项:金额	销售部门				
地区	一部	二部	三部	四部	总计
澳门	1428	1715	309	449	3901
佛山	124237	85344		27796	237377
广州	260543	571388	115296	119849	1067076
深圳	162337	91409	290104	28704	572554
香港	1439		1619	226	3284
总计	549984	749856	407328	177024	1884192

图 7-36　统计每个地区各销售部门的销售金额

如图 7-37 所示，统计每一年的销售金额。

如图 7-38 所示，统计每一年每一个月的销售金额。

年	金额
2012年	199296
2013年	893856
2014年	791040
总计	1884192

图 7-37　统计每一年的销售金额

金额	年			
月份	2012年	2013年	2014年	总计
1月		43008	58560	101568
2月		49248	6528	55776
3月		94848	129024	223872
4月		160992	95616	256608
5月		16800	175776	192576
6月		48576	15360	63936
7月		79392	109344	188736
8月		74784	7008	81792
9月		121824	193824	315648
10月	114144	39744		153888
11月	69120	127200		196320
12月	16032	37440		53472
总计	199296	893856	791040	1884192

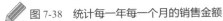

图 7-38　统计每一年每一个月的销售金额

统计金额也就算了，又接着给我来一轮统计数量的。

如图 7-39 所示，统计商品的销售数量。

商品 ▼	数量
笔记本	44064
订书机	59520
钢笔	65760
铅笔	34272
总计	203616

图 7-39　统计商品的销售数量

……

领导不断地改变需求，如果你也像我一样，你会怎么样呢？

木木：还能怎么样，自认倒霉，加班加点完成领导交给我的任务。

卢子：如果是 N 年以前，我估计也会像你这样，不过自从学习了数据透视表以后，这种事分分钟完成。

木木：我书读得少，你可别骗我哦！

2. 数据透视表登场

卢子：先跟你说 N 年前一段不堪回首的经历。

领导要查看每个地区的销售金额。

Step 01　如图 7-40 所示，复制 B 列的地区到 J1。

	A	B	C	D	E	F	G	H	I	J	K
1	日期	地区	销售部门	销售员代码	商品	数量	单价	金额		地区	(Ctrl) ▼
2	2012-10-8	深圳	一部	A00001	订书机	95	1.99	189		深圳	
3	2012-10-25	广州	二部	A00002	钢笔	50	19.99	1000		广州	
4	2012-11-11	广州	三部	A00003	钢笔	36	4.99	180		广州	
5	2012-11-28	广州	二部	A00004	笔记本	27	19.99	540		广州	
6	2012-12-15	佛山	一部	A00005	订书机	56	2.99	167		佛山	
7	2013-1-1	深圳	四部	A00006	铅笔	60	4.99	299		深圳	

图 7-40　复制地区

Step 02　如图 7-41 所示，切换到"数据"选项卡，单击"删除重复项"按钮，弹出"删除重复项"对话框，保持默认不变，单击"确定"按钮。

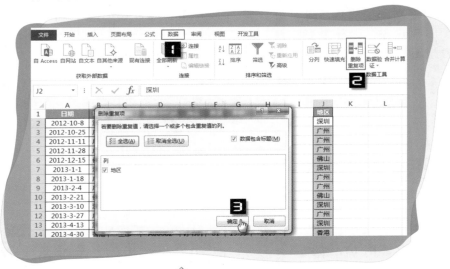

图 7-41　删除重复项

Step 03 如图 7-42 所示，在弹出的提示框中直接单击"确定"按钮，就获取了唯一的地区。

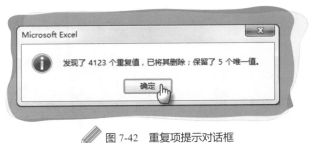

图 7-42　重复项提示对话框

Step 04 在 K2 输入公式，并双击填充公式。

```
=SUMIF(B:B,J2,H:H)
```

现在领导改变主意，要统计每个地区各个销售部门的销售金额。

Step 01 如图 7-43 所示，重复刚刚的操作，复制粘贴，删除重复项，并重新布局。

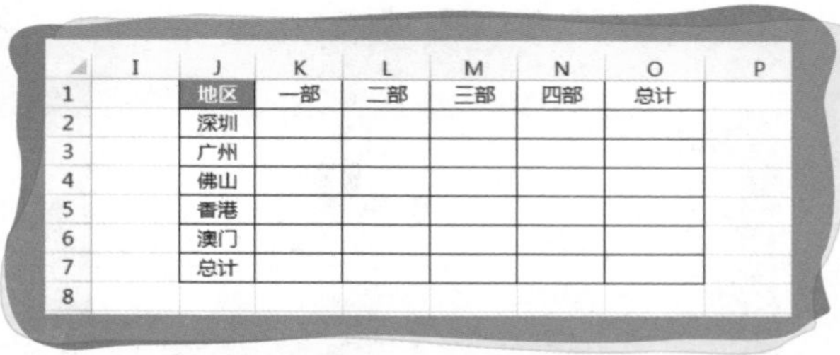

	地区	一部	二部	三部	四部	总计
	深圳					
	广州					
	佛山					
	香港					
	澳门					
	总计					

图 7-43 布局

Step 02 在 K2 输入公式，并向右复制到 N2，再选择 K2:N2 向下复制公式。

`=SUMIFS($H:$H,$B:$B,$J2,$C:$C,K$1)`

Step 03 如图 7-44 所示，选择区域 K2:O7，按快捷键 Alt+= 就自动计算总计。

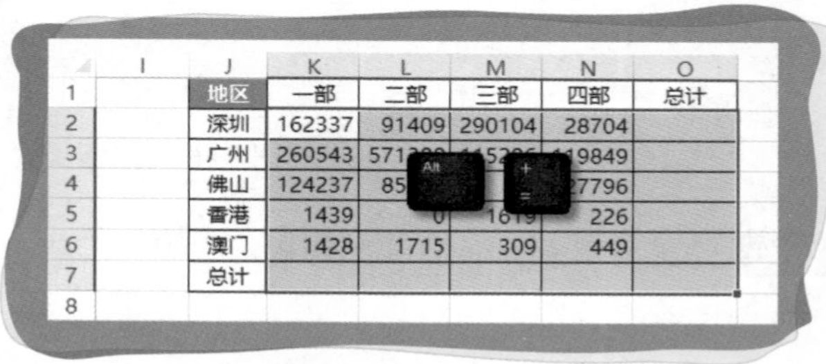

	地区	一部	二部	三部	四部	总计
	深圳	162337	91409	290104	28704	
	广州	260543	571388	115296	119849	
	佛山	124237	85344	0	27796	
	香港	1439	0	1619	226	
	澳门	1428	1715	309	449	
	总计					

图 7-44 使用快捷键

如图 7-45 所示，这个快捷键就相当于用 SUM 函数求和，单击 O2 就可以看到公式。

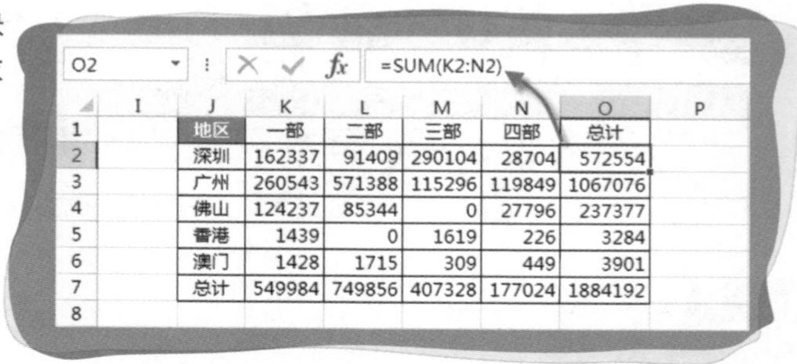

O2 | fx | =SUM(K2:N2)

	地区	一部	二部	三部	四部	总计
	深圳	162337	91409	290104	28704	572554
	广州	260543	571388	115296	119849	1067076
	佛山	124237	85344	0	27796	237377
	香港	1439	0	1619	226	3284
	澳门	1428	1715	309	449	3901
	总计	549984	749856	407328	177024	1884192

图 7-45 求和后效果

......

每一次的要求都要折腾好久。

木木：像我这种公式不熟练的，那更惨！我现在很好奇你当初是如何用数据透视表搞定这种事的？

卢子：用数据透视表来完成这种事再适合不过了，轻轻松松，拖拉几下全搞定。

Step 01 如图 7-46 所示，单击单元格 A1，切换到"插入"选项卡，单击"数据透视表"图标，弹出"创建数据透视表"对话框，这时数据透视表会自动帮你选择好区域，保持默认不变，单击"确定"按钮即可。

Step 02 如图 7-47 所示，将地区拖到行，金额拖到值。

图 7-46　创建数据透视表

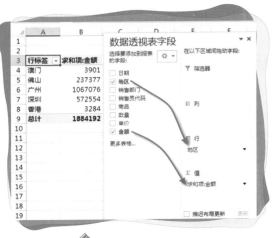

图 7-47　添加字段名 1

木木：这么简单啊，那如果是统计每个地区各个销售部门的销售金额，要怎么做。

卢子：如图 7-48 所示，只需再将销售部门拖到列即可。

求和项:金额	列标签				
行标签	二部	三部	四部	一部	总计
澳门	1715	309	449	1428	3901
佛山	85344		27796	124237	237377
广州	571388	115296	119849	260543	1067076
深圳	91409	290104	28704	162337	572554
香港		1619	226	1439	3284
总计	749856	407328	177024	549984	1884192

数据透视表字段

选择要添加到报表的字段：

☐ 日期
☑ 地区
☑ 销售部门
☐ 销售员代码
☐ 商品
☐ 数量
☐ 单价
☑ 金额

更多表格...

在以下区域间拖动字段：

▼ 筛选器

Ⅲ 列
销售部门　▼

Ⅲ 行
地区　▼

Σ 值
求和项:金额

☐ 推迟布局更新　　更新

图 7-48　添加字段名 2

木木：太神奇了，数据透视表太适合我了，我要学会数据透视表！

知识扩展：

先一起看看微软的帮助怎么定义数据透视表？

数据透视表是一种可以快速汇总大量数据的交互式方法。使用数据透视表可以深入分析数值数据，并且可以回答一些预料不到的数据问题。数据透视表是专门针对以下用途设计：

（1）以多种用户友好方式查询大量数据。

（2）对数值数据进行分类汇总和聚合，按分类和子分类对数据进行汇总，创建自定义计算和公式。

（3）展开或折叠要关注结果的数据级别，查看感兴趣区域汇总数据的明细。

（4）将行移动到列或将列移动到行（或"透视"），以查看源数据的不同汇总。

（5）对最有用和最关注的数据子集进行筛选、排序、分组和有条件地设置格式，使你能够关注所需的信息。

（6）提供简明、有吸引力并且带有批注的联机报表或打印报表。

说白了就一句话：数据透视表可以快速以各种角度分析汇总数据。

木木：概念的东西，看起来很模糊。

卢子：其实说白了，数据透视表就好比孙悟空。

拥有一双火眼金睛，任何妖怪都逃不出他的法眼。

拥有如意金箍棒，想长就长，想短就短，想大就大，想小就小。

本身过硬的技能：七十二变，想要什么就变什么。

课后练习

如图 7-49 所示，借助数据透视表，提取不重复商品。

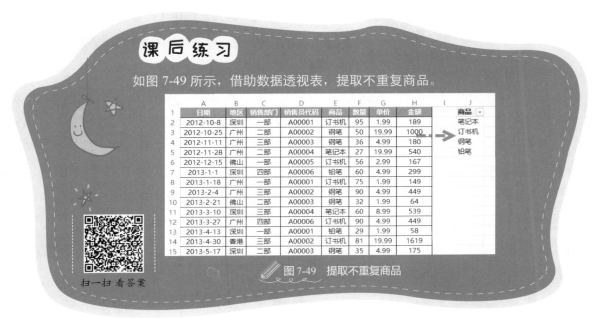

图 7-49 提取不重复商品

扫一扫 看答案

Day60 多角度汇总分析数据

扫一扫 看视频

卢子：数据透视表，顾名思义就是将数据看透了，能将数据看透，你说强不强？看透人生真烦恼，看透数据真享受！既然连数据都能看透，那数据内在的含义不用说肯定也知道，含义知道就可以进一步进行分析。

"拖拉"，形容一个人办事缓慢、不痛快、时间观念差、经常拖后期限的现象。

做事拖拉也是一种病吗？没错！不断推迟行动或任务，在心理学上被定义为"拖拉症"。

"拖拉"一直被认为是贬义词，但是对于数据透视表却是最好的褒奖，拖、拉即是精华。拖、拉间完成各种统计分析。数据透视表的各种布局都是借助拖、拉这两招来完成。

现在一步一步教你如何使用数据透视表。

1. 多角度分析数据

先汇总每个地区的商品的销售数量。

Step 01 如图 7-50 所示，单击单元格 A1，切换到"插入"选项卡，单击"数据透视表"图标，弹出"创建数据透视表"对话框，选择放置数据透视表的位置为现有工作表，位置为 Sheet4!$J$2，单击"确定"按钮。

✏️ 图 7-50 创建数据透视表

Step 02 如图 7-51 所示，将地区、商品拖到行，数量拖到值。

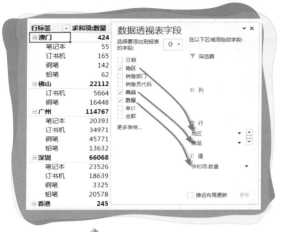

图 7-51 添加字段 1

现在还想看每个销售部门的销售情况。

Step 03 如图 7-52 所示，将销售部门拖到列字段。

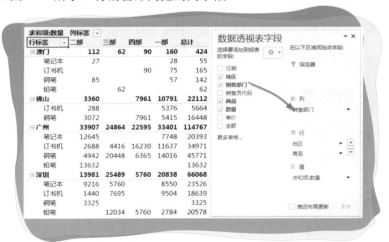

图 7-52 添加字段 2

这样看起来密密麻麻的，不妨改变一下布局。

Step 04 如图 7-53 所示，将商品拖到筛选器。

✎ 图 7-53　改变字段名的位置

如果现在想看的是金额而不是数量。

Step 05 如图 7-54 所示，取消数量的勾选，将金额拖到值字段。

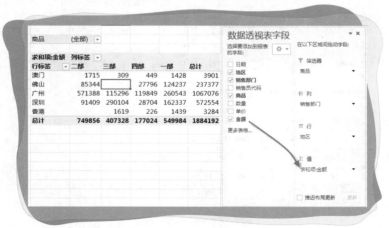

✎ 图 7-54　改变汇总的字段名

　　如果现在只是想看笔记本的
情况。

Step 06　如图 7-55 所示，单击
　　　　　"（全部）"的筛选按
　　　　　钮，选择"笔记本"，
　　　　　单击"确定"按钮。

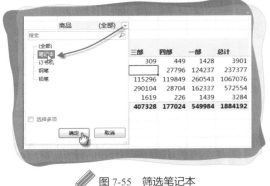

<table>
<tr><td>三部</td><td>四部</td><td>一部</td><td>总计</td></tr>
<tr><td>309</td><td>449</td><td>1428</td><td>3901</td></tr>
<tr><td></td><td>27796</td><td>124237</td><td>237377</td></tr>
<tr><td>115296</td><td>119849</td><td>260543</td><td>1067076</td></tr>
<tr><td>290104</td><td>28704</td><td>162337</td><td>572554</td></tr>
<tr><td>1619</td><td>226</td><td>1439</td><td>3284</td></tr>
<tr><td>407328</td><td>177024</td><td>549984</td><td>1884192</td></tr>
</table>

图 7-55　筛选笔记本

　　从上面的操作你可以看出，不管你要分析什么，都非常轻易地帮你搞定。

2. 对各项目进行排序

　　经过了初步布局后，还需要对总计进行降序，要不然在没有排序的情况下很乱。

Step 01　如图 7-56 所示，单击总计列的任意数字，右击选择"排序"选项，单击"降序"
　　　　　按钮。

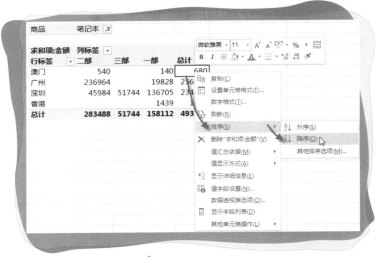

图 7-56　降序排序

列标签的默认排序不是按一部、二部、三部这样排序，这时需要进行手工排序。

Step 02 如图 7-57 所示，单击一部这个单元格，出现拖动的箭头时，向左拖动到二部前面。

如图 7-58 所示，经过排序后，你对商品进行筛选，都会自动地帮你进行排序，非常智能。

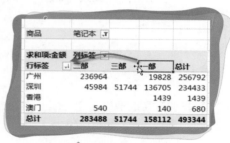

图 7-57 手动排序

图 7-58 自动排序

木木：数据透视表真的很好用，你再说说一些其他的用法。

知识扩展：

销售部门只有 4 个，手工排序比较容易操作。类似这种有很多波段的，那就比较麻烦，如图 7-59 所示。

项目	求和项:零售额
八波	182075
二波	4706268
六波	5690752
七波	440767
三波	5905188
四波	5661334
五波	4425149
一波	4704057
总计	31715590

图 7-59 波段

而如果波段采用的是数字形式，那默认就是升序，如图 7-60 所示。

也就是说，平常录入的时候最好采用数字波段录入法。如果已经录入好，也可以借助辅助列和 VLOOKUP 函数实现转换。

如图 7-61 所示，建立一个转换对应表，在 G2 输入 VLOOKUP 函数，并双击填充公式。

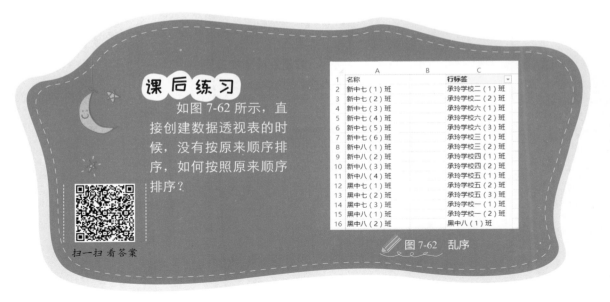

图 7-60　数字波段

图 7-61　转换

课后练习

如图 7-62 所示，直接创建数据透视表的时候，没有按原来顺序排序，如何按照原来顺序排序？

扫一扫 看答案

图 7-62　乱序

Day61　快速统计各商品的最高、最低和平均数量

卢子：如图 7-63 所示，现在对所有字段取消勾选，我们再来做另外的分析。

扫一扫 看视频

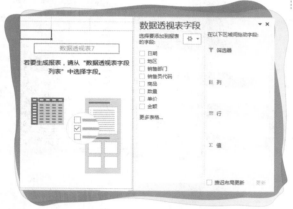

图 7-63　取消字段

Step 01　如图 7-64 所示，将商品拖到行，数量连续 3 次拖到值。

图 7-64　添加字段

Step 02 如图 7-65 所示，单击字段标题，右击选择"值汇总依据"选项，单击"最大值"
按钮。

✏️ 图 7-65　更改值汇总依据

如图 7-66 所示，用同样的方法将第 2 个设置成"最小值"，第 3 个设置成"平均值"，
经过设置就变成这样的效果。

✏️ 图 7-66　更改后效果

对于追求完美的处女座而言，这样的标题看起来总感觉不顺眼，这时需要再做一些
修改。

Step 03 如图 7-67 所示，修改字段名，和我们修改其他单元格的内容一样，直接单击
单元格修改即可。

❓ 木木：那这样数据透视表就可以取代好多函数，实现各种统计，太棒了。

商品 ▼	最大数量	最小数量	平均数量
笔记本	96	11	51
订书机	95	3	47.69230769
钢笔	96	2	45.66666667
铅笔	87	29	59.5
总计	96	2	49.3255814

图 7-67　更改字段名

知识扩展：

如图 7-68 所示，修改名字也有一些小细节，就是值那里的名字不能和原来字段名称一模一样。

图 7-68　相同字段名出错

如图 7-69 所示，针对这种情况，可以在数量前面加一个空格，这样数据透视表就当成字段名不一样。

图 7-69　添加空格

　　再回到刚刚平均数量的问题，小数点那么多，但实际上我们是不需要小数点的，保留整数即可。

　　如图 7-70 所示，单击平均数量下面一个单元格，右击"数字格式"。

　　如图 7-71 所示，设置为"数值"格式，小数位数改成 0。

图 7-70　设置单元格格式

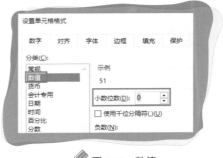

图 7-71　数值

　　如图 7-72 所示，再调整列宽就完美了。

　　说到列宽，又涉及一个问题，就是有的时候刷新一下数据透视表，我们好不容易调整好的列宽，数据透视表自作主张地帮我们更改列宽，很烦这个功能。

　　如图 7-73 所示，右击选择"数据透视表选项"。

图 7-72　最终效果

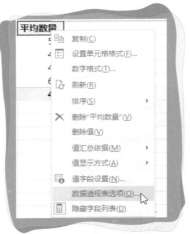

图 7-73　数据透视表选项

如图 7-74 所示，取消勾选"更新时自动调整列宽"复选框，单击"确定"按钮。

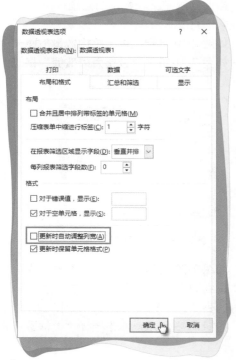

图 7-74　取消勾选"更新时自动调整列宽"

课后练习

如图 7-75 所示，将左边的数据透视表转化成右边的形式。

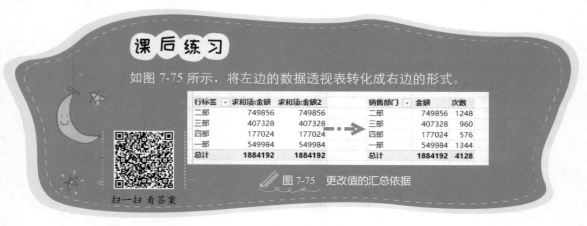

行标签	求和项:金额	求和项:金额2
二部	749856	749856
三部	407328	407328
四部	177024	177024
一部	549984	549984
总计	1884192	1884192

销售部门	金额	次数
二部	749856	1248
三部	407328	960
四部	177024	576
一部	549984	1344
总计	1884192	4128

图 7-75　更改值的汇总依据

扫一扫 看答案

Day62 统计各商品销售数量占比、累计占比以及排名

卢子：有的时候我们想看的是每个商品的销售占比，而不是本身的数量，这时可以这么做。

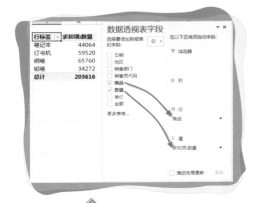

扫一扫 看视频

Step 01 如图 7-76 所示，创建数据透视表，将商品拖到行，数量拖到值。

图 7-76　添加字段

Step 02 如图 7-77 所示，单击"求和项：数量"这一列任意单元格，右击选择"值显示方式"→"总计的百分比"选项。

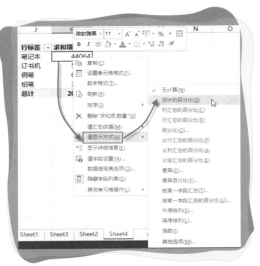

图 7-77　更改值显示方式

Step 03 如图 7-78 所示，更改字段名。

如果是做质量管理的人都应该会熟悉柏拉图（80/20 法则），这个使用频率非常高。在使用柏拉图的时候，会对数量进行降序排序，并获取累计占比。

如图 7-79 所示，将商品拖到行，数量拖 2 次到值。

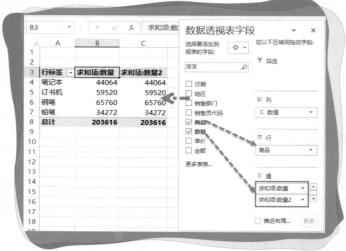

图 7-78 更改字段名效果　　　　　　　　图 7-79 布局

如图 7-80 所示，单击数量任意单元格，右击选择"排序"→"降序"选项。

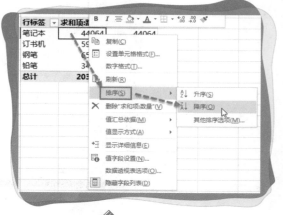

图 7-80 降序

如图 7-81 所示，单击数量 2 任意单元格，右击选择"值显示方式"→"按某一字段汇总的百分比"选项。

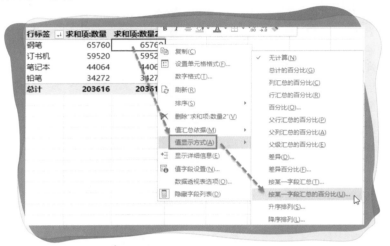

图 7-81　按某一字段汇总的百分比

如图 7-82 所示为弹出的"值显示方式"对话框，保持默认不变，单击"确定"按钮。

图 7-82　值显示方式

如图 7-83 所示，再对字段进行重命名即可。

图 7-83　最终效果

知识扩展：

如图 7-84 所示，值显示方式还有很多百分比，这个可以自己尝试，里面还包含了升序排列和降序排列，这两个用得比较多，这两个就相当于排名。

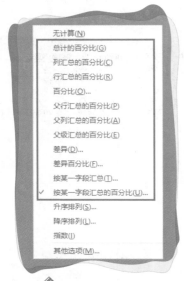

图 7-84　各种百分比

如图 7-85所示，如果现在要获取排名，直接右击选择"值显示方式"→"降序排列"选项。

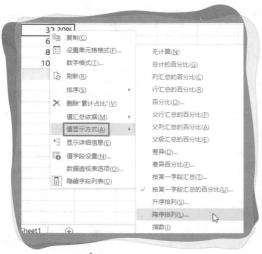

图 7-85　降序排列

如图 7-86 所示，弹出"值显示方式"对话框，保持默认不变，单击"确定"按钮，再修改字段名。

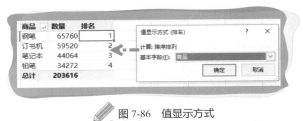

✏️ 图 7-86　值显示方式

课 后 练 习

如图 7-87 所示，获取每个地区商品金额的分类百分比。

扫一扫 看答案

✏️ 图 7-87　分类百分比

Day63　轻松统计各年月的销售金额

扫一扫 看视频

🖐 卢子：如图 7-88 所示，数据透视表的神奇之处在于能变幻出很多原来就没有的东西，比如我们的数据源只有日期一列，可以不通过任何函数就将日期转变成按年份、季度、月份等统计。

Step 01　如图 7-89 所示，创建数据透视表，将日期拖到行，金额拖到值。

Step 02　如图 7-90 所示，选择任意一个日期，右击选择"创建组"选项。

	A	B	C	D	E	F	G	H
1	日期	地区	销售部门	销售员代码	商品	数量	单价	金额
2	2012-10-8	深圳	一部	A00001	订书机	95	1.99	189
3	2012-10-25	广州	二部	A00002	钢笔	50	19.99	1000
4	2012-11-11	广州	三部	A00003	钢笔	36	4.99	180
5	2012-11-28	广州	二部	A00004	笔记本	27	19.99	540
6	2012-12-15	佛山	一部	A00005	订书机	56	2.99	167
7	2013-1-1	深圳	四部	A00006	铅笔	60	4.99	299
8	2013-1-18	广州	一部	A00001	订书机	75	1.99	149
9	2013-2-4	广州	三部	A00002	钢笔	90	4.99	449
10	2013-2-21	佛山	二部	A00003	钢笔	32	1.99	64
11	2013-3-10	深圳	三部	A00004	笔记本	60	8.99	539
12	2013-3-27	广州	四部	A00006	订书机	90	4.99	449
13	2013-4-13	深圳	一部	A00001	订书机	29	1.99	58
14	2013-4-30	香港	三部	A00002	订书机	81	19.99	1619
15	2013-5-17	深圳	二部	A00003	钢笔	35	4.99	175

图 7-88　销售明细表

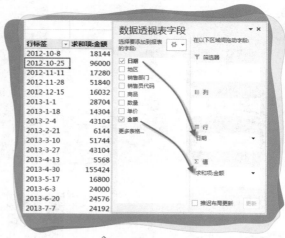

图 7-89　添加字段

图 7-90　创建组

Step 03 如图 7-91 所示，在弹出的"组合"对话框中，保持默认不变，单击"确定"
按钮。

如图 7-92 所示，这样就统计出每个月的销售金额。

因为数据是跨年的，这时还得按年份组合，那该怎么重新返回"组合"对话框呢？
其实操作方法跟刚才一样。

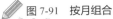

图 7-91　按月组合

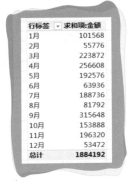

图 7-92　按月组合效果

Step 04 如图 7-93 所示，选择任意一个日期，然后右击选择"创建组"选项。在弹出的
"组合"对话框中，选择月、年两个步长，单击"确定"按钮。

如图 7-94 所示，这样显示出来的布局跟我们平常的布局不一样，不是很理想，需
要进一步处理。

图 7-93　按年月组合

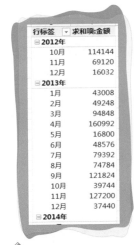

图 7-94　按年月组合效果

Step 05 如图 7-95 所示，单击数据透视表任意单元格，这时会出现数据透视表工具，切换到"设计"选项卡，单击"报表布局"按钮，选择"以表格形式显示"选项。

图 7-95　以表格形式显示

Step 06 如图 7-96 所示，正常情况下都会有一个按年份汇总，有的时候因为事前被设置过而没有出现，这时可以再进行重新设置。切换到"设计"选项卡，单击"分类汇总"按钮，选择"在组的底部显示所有分类汇总"选项。

图 7-96　在组的底部显示所有分类汇总

Step 07 如图 7-97 所示，最后修改一下字段的标题，就大功告成。

❓ 木木：发觉我已经爱上数据透视表了，强大得变态！

年	月份	销售金额
⊟2012年	10月	114144
	11月	69120
	12月	16032
2012年 汇总		**199296**
⊟2013年	1月	43008
	2月	49248
	3月	94848
	4月	160992
	5月	16800
	6月	48576
	7月	79392
	8月	74784
	9月	121824
	10月	39744
	11月	127200
	12月	37440
2013年 汇总		**893856**

✏️ 图 7-97　修改字段名

知识扩展：

　　Excel 2016 的数据透视表更加智能，将日期拖到值字段，不做任何处理，会自动帮你按年、季度、月组合起来。

　　如图 7-98 所示，将日期拖到行，就自动组合了。

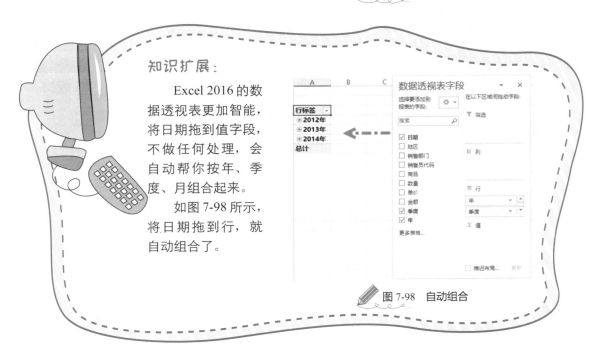

✏️ 图 7-98　自动组合

如图 7-99 所示，将内容展开，可以看到按季度和月组合。

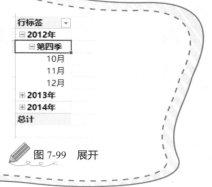

图 7-99　展开

课后练习

如图 7-100 所示，统计各年季度的数量。

求和项:数量	列标签			
行标签	2012年	2013年	2014年	总计
第一季		39072	28800	67872
第二季		15648	23520	39168
第三季		33024	19584	52608
第四季	25344	18624		43968
总计	25344	106368	71904	203616

图 7-100　统计各年季度的数量

扫一扫 看答案

Day64　超级表让数据区域动起来

扫一扫 看视频

木木：如图 7-101 所示，因为数据每天都会自动更新，现在增加了 2 条记录，是不是得重新创建数据透视表才可以汇总？

卢子：如图 7-102 所示，肯定不需要啊，如果那样多麻烦，直接单击数据透视表任意单元格，在"分析"选项卡，单击"更改数据源"按钮。

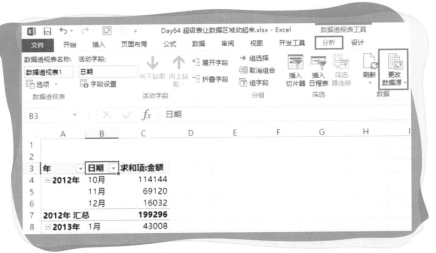

	A	B	C	D	E	F	G	H
1	日期	地区	销售部门	销售员代码	商品	数量	单价	金额
4119	2014-4-5	深圳	三部	A00003	铅笔	62	4.99	309
4120	2014-4-22	广州	二部	A00004	铅笔	55	12.49	687
4121	2014-5-9	广州	一部	A00005	订书机	42	23.95	1006
4122	2014-5-26	佛山	二部	A00006	订书机	3	275	825
4123	2014-6-12	广州	三部	A00001	钢笔	7	1.29	9
4124	2014-6-29	佛山	四部	A00002	钢笔	76	1.99	151
4125	2014-7-16	佛山	一部	A00003	钢笔	57	19.99	1139
4126	2014-8-2	广州	三部	A00004	钢笔	14	1.29	18
4127	2014-8-19	广州	二部	A00006	笔记本	11	4.99	55
4128	2014-9-5	广州	二部	A00004	笔记本	94	19.99	1879
4129	2014-9-22	广州	一部	A00005	笔记本	28	4.99	140
4130	2015-1-2	广州	二部	A00004	笔记本	94	19.99	1879
4131	2015-1-2	广州	一部	A00005	笔记本	28	4.99	140
4132								

图 7-101　新增数据

图 7-102　更改数据源

如图 7-103 所示，重新选择新的数据范围，单击"确定"按钮。

如图 7-104 所示，这样 2015 年的数据就增加进去了。

	A	B	C	D	E	F	G	H
1	日期		更改数据透视表数据源			? ×		金额
4119	2014-4-5							309
4120	2014-4-22		请选择要分析的数据					687
4121	2014-5-9		● 选择一个表或区域(S)					1006
4122	2014-5-26		表/区域(T): Sheet1!$A$1:$H$4131					825
4123	2014-6-12		○ 使用外部数据源(U)					9
4124	2014-6-29							151
4125	2014-7-16		选择连接(C)...					1139
4126	2014-8-2		连接名称					18
4127	2014-8-19				确定	取消		55
4128	2014-9-5							1879
4129	2014-9-22	广州	一部	A00005	笔记本	28	4.99	140
4130	2015-1-2	广州	二部	A00004	笔记本	94	19.99	1879
4131	2015-1-2	广州	一部	A00005	笔记本	28	4.99	140
4132								

图 7-103　重新选择区域

	A	B	C
22		2月	6528
23		3月	129024
24		4月	95616
25		5月	175776
26		6月	15360
27		7月	109344
28		8月	7008
29		9月	193824
30	2014年 汇总		791040
31	⊟ 2015年	1月	2019
32	2015年 汇总		2019
33	总计		1886211
34			

图 7-104　增加 2015 年数据

木木：那是不是每次新增加数据都要更改范围？这样虽然省了重新布局，但还是不太智能。

卢子：确实，我们统计数据希望的都是能够自动统计，不用每次去修改这些。这里借助"表格"的功能可以实现动态区域，"表格"因为实在太好用了，也被称为超级表。

如图 7-105 所示，单击 A1 单元格，切换到"插入"选项卡，单击"表格"按钮，保持默认不变，单击"确定"按钮。

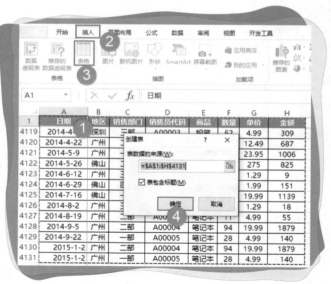

图 7-105　表格

如图 7-106 所示，为了方便记忆，在"设计"选项卡，更改表名称为"动态区域"。

图 7-106　表名称

如图 7-107 所示，再重新单击数据透视表任意单元格，在"分析"选项卡，单击"更改数据源"。弹出"更改数据透视表数据源"对话框，在数据的区域录入刚刚的名称"动态区域"，单击"确定"按钮。

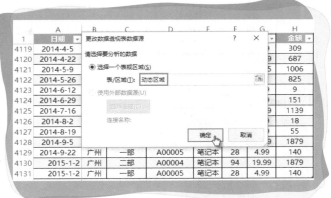

图 7-107　动态区域

如图 7-108 所示，现在又新增加了 2 条记录。

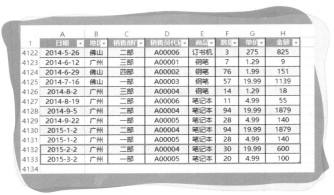

图 7-108　新增记录

如图 7-109 所示，切换到数据透视表，这时数据是没有直接更新的，右击选择"刷新"选项。

如图 7-110 所示，这时就显示了新增加的记录。

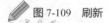

图 7-109 刷新

图 7-110 数据已经更新

知识扩展：

借助手工刷新，经常会忘记操作，如果加上一小段 VBA 语句就能轻松实现自动刷新。

```
Private Sub Workbook_SheetActivate(ByVal Sh
As Object)
ActiveWorkbook.RefreshAll
End Sub
```

如图 7-111 所示，借助快捷键 Alt+F11 调出 VBA 窗口，双击 ThisWorkbook，将代码粘贴在空白处。

图 7-111 使用代码

如图 7-112 所示，关闭 VBA 窗口后在数据源更新一条记录。

	A	B	C	D	E	F	G	H
1	日期	地区	销售部门	销售员代码	商品	数量	单价	金额
4122	2014-5-26	佛山	二部	A00006	订书机	3	275	825
4123	2014-6-12	广州	三部	A00001	钢笔	7	1.29	9
4124	2014-6-29	佛山	四部	A00002	钢笔	76	1.99	151
4125	2014-7-16	佛山	一部	A00003	钢笔	57	19.99	1139
4126	2014-8-2	广州	三部	A00004	钢笔	14	1.29	18
4127	2014-8-19	广州	二部	A00006	笔记本	11	4.99	55
4128	2014-9-5	广州	二部	A00004	笔记本	94	19.99	1879
4129	2014-9-22	广州	一部	A00005	笔记本	28	4.99	140
4130	2015-1-2	广州	二部	A00004	笔记本	94	19.99	1879
4131	2015-1-2	广州	一部	A00005	笔记本	28	4.99	140
4132	2015-2-2	广州	二部	A00004	笔记本	30	19.99	600
4133	2015-3-2	广州	一部	A00005	笔记本	20	4.99	100
4134	2016-6-6	广州	三部	A00004	钢笔	1	1.29	1
4135								

图 7-112 更新记录

如图 7-113 所示，切换到数据透视表，立马看到数据更新汇总，这就是传说中的全自动统计。

如图 7-114 所示，因为使用了 VBA 代码，必须要将工作簿另存为 "Excel 启用宏的工作簿" 才可以使用。

图 7-113　更新汇总

图 7-114　启用宏的工作簿

课后练习

扫一扫 看答案

如图 7-115 所示，制作一个全自动统计的数据透视表。数据源能够实现区域更新，数据透视表能够实现实时更新，统计每个地区的金额。

图 7-115　地区金额

Day65 **轻松实现按职业拆分数据**

扫一扫 看视频

 木木：如图 7-116 所示，是某培训班的学员资料，现在要根据职业，把每个职业的人员信息分成多个表格，一个职业一个表格，该如何处理？

图 7-116　学员资料

卢子：像这种分成多个表格的，水平高的都会采用 VBA 代码，但对于普通人而言，借助数据透视表，也能轻松实现。

Step 01 如图 7-117 所示，创建数据透视表，将职业拖到筛选器，其他字段依次勾选。

图 7-117　创建数据透视表

Step 02 如图 7-118 所示，单击"设计"选项卡，选择"报表布局"选项，单击"以表格格式显示"选项。

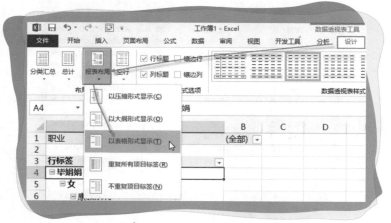

图 7-118 以表格格式显示

Step 03 如图 7-119 所示，选择"分类汇总"选项，单击"不显示分类汇总"选项。

图 7-119 不显示分类汇总

Step 04 如图 7-120 所示，单击"分析"选项卡，选择"选项"，单击"显示报表筛选页"选项，在弹出的"显示报表筛选页"对话框中，单击"确定"按钮。

图 7-120　显示报表筛选页

通过上面 4 步，最终效果如图 7-121 所示，生成 4 个表格，每个职业一个明细表。

图 7-121　一个职业一个表格

知识扩展：

接下来看一下高手是如何利用 VBA 拆分表格的？

有现成代码：

```
Sub 拆分表格 ()

    Dim d As Object, sht As Worksheet, arr, brr, r, kr, i&, j&, k&, x&

    Dim Rng As Range, Rg As Range, tRow&, tCol&, aCol&, pd&

    Application.ScreenUpdating = False '关闭屏幕更新

    Application.DisplayAlerts = False '关闭警告提示

    Set d = CreateObject("scripting.dictionary") 'set 字典

    Set Rg = Application.InputBox(" 请框选拆分依据列！只能选择单列
单元格区域！ ", Title:=" 提示 ", Type:=8)

    tCol = Rg.Column '取依据列列标

    tRow = Val(Application.InputBox(" 请输入总表标题行的行数？ "))
'取标题行数

    If tRow = 0 Then MsgBox " 你未输入标题行行数，程序退出。": Exit Sub

    Set Rng = ActiveSheet.UsedRange

    arr = Rng '数据范围装入数组 arr

    tCol = tCol - Rng.Column + 1 '计算依据列在数组中的位置

    aCol = UBound(arr, 2) '数据源的列数
```

```
For i = tRow + 1 To UBound(arr)  '遍历数组 arr

    If Not d.exists(arr(i, tCol)) Then

        d(arr(i, tCol)) = i  '字典中不存在关键词则将行号装入字典

    Else

        d(arr(i, tCol)) = d(arr(i, tCol)) & "," & i  '如果
存在则合并行号，以逗号间隔

    End If

Next

For Each sht In Worksheets  '遍历一遍工作表，如果字典中存在则删除

    If d.exists(sht.Name) Then sht.Delete

Next

kr = d.keys  '字典 key

For i = 0 To UBound(kr)  '遍历字典 key

    If kr(i) <> "" Then  '如果 key 不为空

        r = Split(d(kr(i)), ",")  '取出 item 里储存的行号
```

```
            ReDim brr(1 To UBound(r) + 1, 1 To aCol) ' 声明放置
结果的数组 brr

            k = 0

            For x = 0 To UBound(r)

                k = k + 1 ' 累加记录行数

                For j = 1 To aCol ' 循环读取列

brr(k, j) = arr(r(x), j)

                Next

            Next

            With Worksheets.Add(, Sheets(Sheets.Count))

                .Name = kr(i)

.[a1].Resize(tRow, aCol) = arr ' 放标题行

.[a1].Offset(tRow, 0).Resize(k, aCol) = brr ' 放置数据区域

                Rng.Copy

.[a1].PasteSpecial Paste:=xlPasteFormats, Operation:=xlNone,
SkipBlanks:=False, Transpose:=False ' 粘贴格式

.[a1].Select
```

```
        End With

      End If

   Next

Sheets(1).Activate

   Set d = Nothing

   Erase arr: Erase brr


   Application.ScreenUpdating = True ' 恢复屏幕更新

   Application.DisplayAlerts = True ' 恢复警示

End Sub
```

　　懂得利用高手们现成的代码也是一种能力。

　　如图 7-122 所示，借助快捷键 Alt+F11 调出 VBA 窗口，插入模块，粘贴代码。

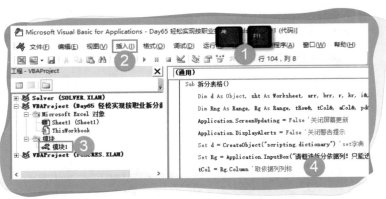

图 7-122　粘贴代码

如图 7-123 所示，插入任意一张图片，右击选择"指定宏"选项。

如图 7-124 示，找到刚刚那个拆分表格的宏，单击"确定"按钮。

图 7-123　指定宏

图 7-124　拆分表格

接下来就是见证奇迹的时刻！

如图 7-125 所示，单击图片，选择要拆分的列 $D:$D，单击"确定"按钮。

图 7-125　拆分依据

如图 7-126 所示，输入标题的行数为 1，单击“确定”按钮。

如图 7-127 所示，瞬间就生成了所有工作表。

图 7-126　输入标题行数

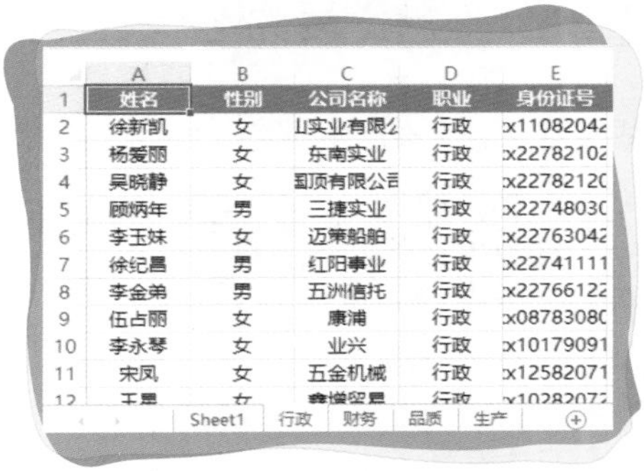

	A	B	C	D	E
1	姓名	性别	公司名称	职业	身份证号
2	徐新凯	女	山实业有限么	行政	:x11082042
3	杨爱丽	女	东南实业	行政	:x22782102
4	吴晓静	女	函顶有限公司	行政	:x2278212C
5	顾炳年	男	三捷实业	行政	:x2274803C
6	李玉妹	女	迈策船舶	行政	:x22763042
7	徐纪昌	男	红阳事业	行政	:x22741111
8	李金弟	男	五洲信托	行政	:x22766122
9	伍占丽	女	康浦	行政	:x0878308C
10	李永琴	女	业兴	行政	:x10179091
11	宋凤	女	五金机械	行政	:x12582071

图 7-127　生成所有工作表

用 VBA 有什么好处呢？

一劳永逸，只要设置了一次，以后只需要用鼠标单击一次运行，结果立刻就出来了。

课后练习

如图 7-128 所示，借助现成的 VBA 代码，实现将双行工资明细表按学历拆分成多个表格。

	A	B	C	J	K	L	M	N	O
1	姓名	学历	部门	业绩	全勤奖	总结	本月工资	出勤工资	应发工资
2				奖励		奖励			
3	魏梅芳	本科	销售部				5000	5000	5000.00
4	李小玲	大专	销售部	6900	100		9800	8493.333333	8493.33
5	余嫣屏	大专	销售部	7000	100		9900	1320	1320.00
6	叶森平	本科	销售部	1100	100	100	4400	4400	4400.00
7	周中书	大专	销售部	200	100	100	3500	3500	3500.00
8	李翰铮	大专	销售部	100	100	1000	4500	4500	4500.00
9	邹少辉	本科	销售部	2100	100	300	5500	5500	5500.00
10	邓天华	大专	销售部	4200	100	500	9000	9000	9000.00
11	陈伟林	大专	销售部		100	600	4000	4000	4000.00
12	周志安	大专	销售部				3000	2900	2900.00
13	肖志山	大专	销售部				3000	3000	3000.00
14	陈金顺	大专	销售部			100	3100	3100	3100.00

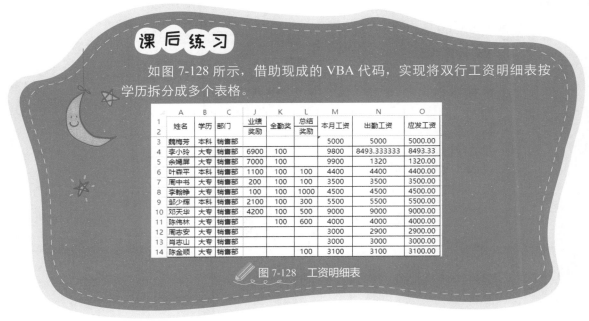

图 7-128　工资明细表

Day66 轻松实现多表汇总数据

扫一扫 看视频

截止到目前我们使用的都是标准的一维表格，而且数据源都在同一表格中。但现实工作中，很多人都没有养成这个好习惯，也正因为这样，多重合并计算数据区域才体现出它的价值。

如图 7-129 所示，表 1 和表 2 格式相同，都是目的地、中转费、重量三列，在这种情况下汇总各目的地中转费和重量。

	A	B	C
1	目的地	中转费	重量
2	福建泉州航空部	0.25	0.2
3	辽宁沈阳航空部	3.64	0.75
4	黑龙江哈尔滨航空部	2.86	0.45
5	福建泉州航空部	0.29	1.15
6	天津航空部	3.36	0.85
7	安徽合肥航空部	0.85	0.05
8	安徽合肥航空部	0.85	0.3
9	辽宁沈阳航空部	1.94	0.2
10	浙江杭州航空部	23.97	14.1
11	福建泉州航空部	0.12	0.5
12	江苏无锡中转部	1.1	0.65
13	江苏无锡中转部	5.78	3.4
14	福建泉州航空部	4.5	2.65
15	四川成都公司	1.82	0.3
16	浙江杭州航空部	14.62	8.6

表1

	A	B	C
1	目的地	中转费	重量
2	浙江杭州航空部	7.39	4.35
3	上海航空部	0.85	0.45
4	内蒙古呼和浩特航空部	10.86	2.15
5	浙江杭州航空部	1.62	0.95
6	浙江杭州航空部	4.59	2.7
7	陕西西安航空部	1.42	0.05
8	河北石家庄中转部	3.56	1.25
9	安徽合肥航空部	0.55	0.5
10	山东青岛航空部	1.02	0.5
11	山东济南航空部	12.35	3.05
12	山东济南航空部	9.72	2.4
13	黑龙江哈尔滨航空部	23.18	3.65
14	福建泉州航空部	0.25	0.2
15	山东青岛航空部	3.64	0.9
16	重庆航空部	2.94	0.7

表2

图 7-129 格式相同的多表

Step 01 如图 7-130 所示，单击"数据透视表和数据透视图向导"，选择"多重合并计算数据区域"单选项，单击"下一步"按钮。

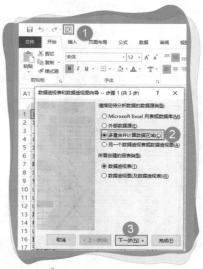
图 7-130 向导第 1 步

Step 02 如果需要对工作表进行命名的话，选择"自定义页字段"。因为这里不需要，所以保持默认不变，单击"下一步"按钮，如图 7-131 所示。

Step 03 如图 7-132 所示，依次选择表 1 和表 2 的区域，单击"添加"按钮，添加后单击"完成"按钮。

图 7-131　向导第 2 步

图 7-132　向导第 3 步

　　这里出现了一个问题，区域有 4 千多行，如果用鼠标拖动选取一定很慢，其实选取区域是有诀窍的。如图 7-133 所示，选择标题，然后按 Ctrl+Shift+↓快捷键，就完成了区域的选取。

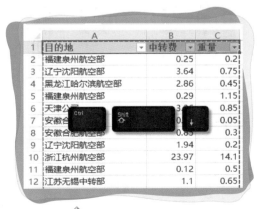

图 7-133　快速选取区域

Step 04 如图 7-134 所示，中转费和重量是两个不同的概念，这里出现的总计不符合实际情况，右击选择"删除总计"选项。

行标签	中转费	重量	总计
安徽合肥航空部	560.41	312.35	87...
北京中转部	1741.84	504.1	224...
福建泉州航空部	256.81	908.65	116...
福建沙县航空部	6.34	19.5	2...
福建厦门中转部	33.8	85.85	119...
甘肃兰州航空部	460.67	77.05	537...
广东揭阳航空部	436.2	107.7	54...
广东揭阳中转部	0	0.4	...
贵州贵阳航空部	736.1	189.35	925...
海南海口航空部	242.9	69.75	31...
河北石家庄中转部	1399.66	476.45	1876.11
河南郑州航空部	1234.02	332.2	1566.22
黑龙江哈尔滨航空部	1848.53	285.1	2133.63
湖北武汉航空部	1126.11	399.9	1526.01
湖南长沙航空部	1565.22	474.6	2039.82

右键菜单：
复制(C)
设置单元格格式(F)...
数字格式(T)...
刷新(R)
删除总计(V)
值汇总依据(M) ▶
值字段设置(N)...
数据透视表选项(O)...
隐藏字段列表(D)

图 7-134　删除总计

Step 05 对数据透视表再进行简单的处理，最终效果如图 7-135 所示。

目的地	中转费	重量
安徽合肥航空部	560.41	312.35
北京中转部	1741.84	504.1
福建泉州航空部	256.81	908.65
福建沙县航空部	6.34	19.5
福建厦门中转部	33.8	85.85
甘肃兰州航空部	460.67	77.05
广东揭阳航空部	436.2	107.7
广东揭阳中转部	0	0.4
贵州贵阳航空部	736.1	189.35
海南海口航空部	242.9	69.75
河北石家庄中转部	1399.66	476.45
河南郑州航空部	1234.02	332.2
黑龙江哈尔滨航空部	1848.53	285.1
湖北武汉航空部	1126.11	399.9
湖南长沙航空部	1565.22	474.6

图 7-135　各目的地中转和重量

知识扩展：

"数据透视表和数据透视图向导"，一个非常有用的功能。

如图 7-136 所示，单击"快速访问工具栏"，从下列位置选择命令：选择不在功能区的命令，找到"数据透视表和数据透视图向导"，单击"添加"按钮，最后单击"确定"按钮。这样就完成了"数据透视表和数据透视图向导"这个功能的添加。

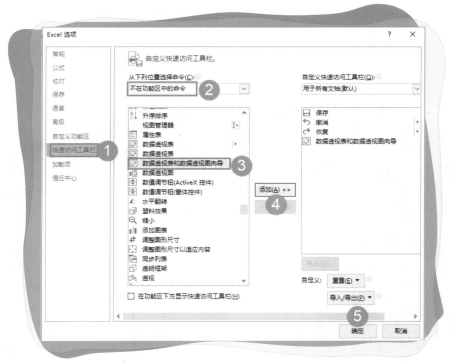

图 7-136 添加数据透视表和数据透视图向导

如图 7-137 所示，找不到"数据透视表和数据透视图向导"的可以使用快捷键先按

Alt+D，再按 P 就出来了。不要三个键一起按，切记！

图 7-137　快捷键的使用

按 Alt+D 快捷键就相当于调出旧版本菜单的功能，因为这个功能是 Excel 2003 的，高版本默认没有。

课后练习

如图 7-138 所示，借助"数据透视表和数据透视图向导"这个功能，实现多行多列提取不重复人员。

扫一扫 看答案

图 7-138　提取不重复人员

Day67　突破数据透视表的潜规则

数据透视表非常好用，但对于数据源有很多潜规则，需要特别注意。

很多朋友会发现，做出来的数据透视表有瑕疵，存在空白项、日期无法筛选或组合、求和无法得出正确的数值等。

那是因为，要建立数据透视表，数据源必须为标准表。如果你出现了上述情况，你的数据源可能存在下面几个问题。

1. 标题缺失

如图 7-139 所示，姓名这个标题没有写，直接根据数据源创建数据透视表，会弹出警告对话框，不允许创建数据透视表。

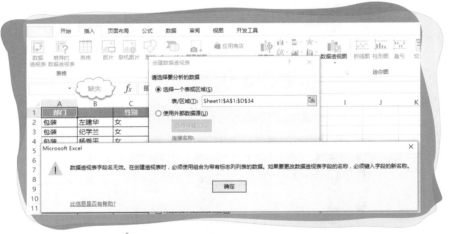

✏️ 图 7-139　标题缺失不允许创建数据透视表

2. 数据用空行和标题分隔开

如图 7-140 所示，数据用空行和标题分隔开，默认情况下只选择第一个区域，下面的区域不被选中。

如图 7-141 所示，即使手工更正区域，也会出现一些多余的名称：部门和（空白）。

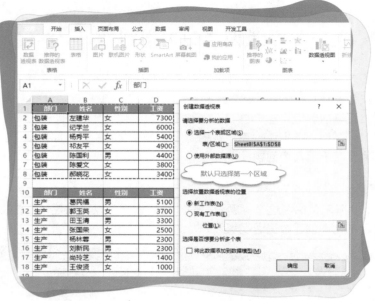

图 7-140　默认区域选错

图 7-141　多余名称

3. 存在不规范日期

当数据源中存在不规范日期时，会使建立后的数据透视表无法按日期进行分组，如图 7-142 所示。此时，应使用分列功能或者替换功能，规范日期格式。

图 7-142　无法分组的日期

4. 存在文本型数字

文本型数字会使数据透视表无法正确求和，在建立数据透视表之前，应使用分列功能，规范数字格式。如图 7-143 所示，文本型数字创建数据透视表，变成计数，而标准的数字创建数据透视表是求和。

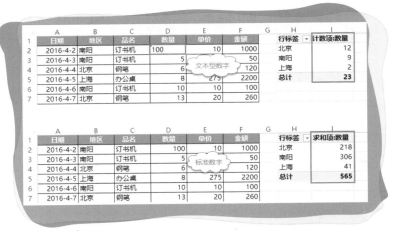

图 7-143　标准数字跟文本数字创建数据透视表对比

5. 存在合并单元格

合并单元格除第一格外，其他均作为空值处理，所以，在数据透视表中会出现（空白）项。如图 7-144 所示，部门使用合并单元格，统计就出错。

321

	A	B	C	D	E	F	G
1	部门	姓名	性别	工资		行标签 ▼	求和项:工资
2		左建华	女	7300		包装	7300
3		纪学兰	女	6000		生产	5100
4	合并单元格		女	5400		销售	7900
5			女	4900		(空白)	104400
6		陈国利	男	4400		总计	124700
7		陈爱文	女	3800			
8	包装	郝晓花	女	3400			
9		李焕英	女	2400			

	A	B	C	D	E	F	G
1	部门	姓名	性别	工资		行标签 ▼	求和项:工资
2	包装	左建华	女	7300		包装	48300
3	包装	标准	女	6000		生产	21600
4	包装		女	5400		销售	54800
5	包装	祁友平	女	4900		总计	124700
6	包装	陈国利	男	4400			
7	包装	陈爱文	女	3800			

图 7-144　合并单元格与标准表格创建数据透视表对比

这一节没有知识扩展和课后练习，如果自己使用的表格存在以上的情况，请及时改正过来。

第8章

图表说服力

一图抵千言，要让领导读懂你的数据，最有效的方法就是用图表说话。将你要呈现的数据用精美的图表展示出来，这样才能直观地看出你想表达的含义。如果你想弱化自己的数据含义，请直接用表格体现。

Day68 图表的作用以及快速创建、美化图表

扫一扫 看视频

1. 图表的作用

木木：经过这段时间的学习，进步飞快，上班的时候变得悠闲了，工作效率大大提高。有时，还能在上班时间学点其他知识。

卢子：我总算没白教你，付出总是有收获的，日积月累，你将变得更加厉害，继续加油！

木木：现在越来越有动力学习了。

卢子：对了，你给领导看的报告有没有制作过图表？

木木：这个还真没有，我不懂图表。

卢子：那好，我先跟你介绍下图表的一些基本知识。

如图 8-1 所示，左边是我们汇总后的表格，右边是根据汇总制作的图表，你看哪个更加直观？

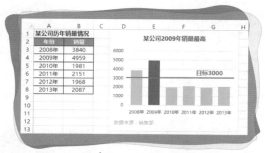

图 8-1 对比图

木木：这还用说吗？肯定是右边的图表，一目了然。

卢子：图表的本质就是可视化数据，让数据更容易解读。我们这里再将图表略做改动，效果看起来会更好。

木木：如果我早点学这个，肯定会得到领导的表扬！

2. 选择图表

卢子：如图 8-2 所示，图表也不是做得好看就行，同样的数据用不同的图表表示会相差十万八千里。

木木：这个饼图看起来确实有点混乱，那该如何选择合适的图表呢？

卢子：如图 8-3 所示，图表选择也不难，一图让你了解该如何选择。

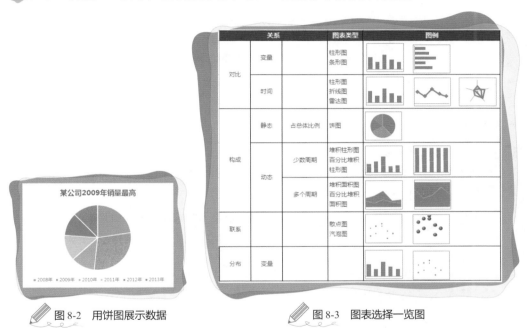

图 8-2　用饼图展示数据

图 8-3　图表选择一览图

　　图表虽然很多，但我们用得最多的其实就三种：柱形图（条形图）、折线图、饼图。

木木：好，我重点看一下前面几种图表。

3. 图表的组成

卢子：下面以员工销售统计柱形图来说明一下，如图 8-4 所示。

　　不要看这些元素很多，但实际上制作图表的时候，很多元素都可以省略掉的。

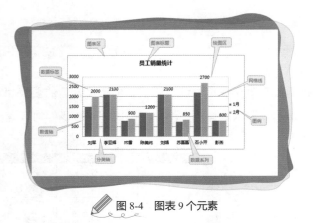

图 8-4 图表 9 个元素

4. 创建图表

卢子:创建图表其实非常简单。

如图 8-5 所示,选择数据源,切换到"插入"选项卡,单击"柱形图"图标,再单击"簇状柱形图",就会自动生成柱形图。

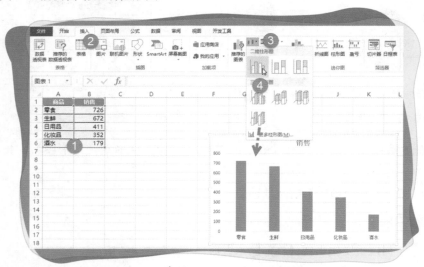

图 8-5 插入柱形图

创建好柱形图后，还要进行一系列美化，最简单的方法就是直接套用图表样式。

如图 8-6 所示，单击图表，出现"图表工具"菜单，切换到"设计"选项卡，选择你喜欢的图表样式即可。

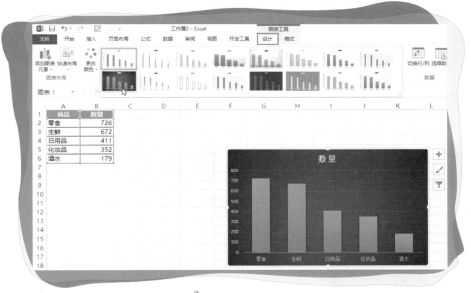

 图 8-6　套用样式

知识扩展：

木木：看来还是卢子懂我，我最喜欢一步到位，直接套用图表样式。不过我还有问题，就是我看了你的选择图表的表格后，还是不太能记住选择什么样的图表合适，有什么方法可以让 Excel 自动帮我选择图表吗？

卢子：如图 8-7 所示，Excel 2016 提供了一个新功能：推荐的图表，这个对于不懂选择图表的人而言是一个福音。会根据你的数据源，提供几个合适的图表类型供你选择。

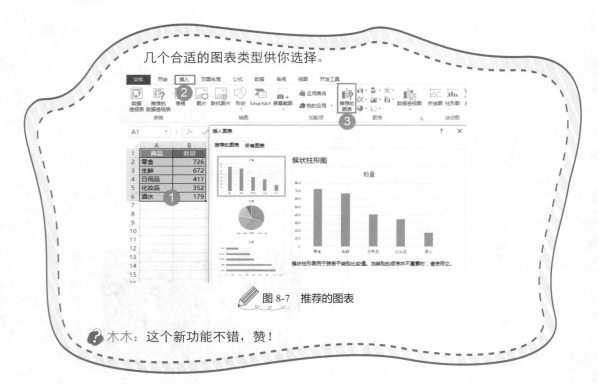

图 8-7　推荐的图表

木木：这个新功能不错，赞！

课后练习

如图 8-8 所示，根据销量统计表制作销量条形图。

图 8-8　销量条形图

Day69　一键生成两个不同量级的数据图表

木木：如图 8-9 所示，我按你教的方法创建图表，进行了各种美化处理，但就是始终没法将百分比在图表中体现出来。

卢子：在很多的时候，我们需要在报告中将两个不同量级的数据反映到一张图表上，如果直接根据常规方法创建图表，难度会很大。

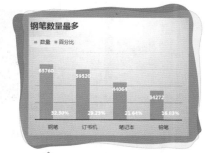

图 8-9　数量百分比柱形图

　　如图 8-10 所示，Excel 2016 提供了"推荐的图表"功能，实在是太好用了。选择区域，切换到插入"选项"卡，单击"推荐的图表"图标，第一个就是柱形图和折线图的组合，能够显示出两个不同量级的数据。

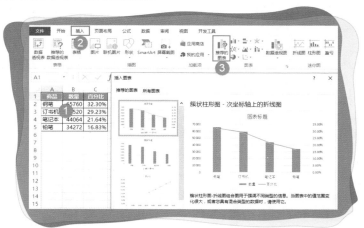

图 8-10　推荐的图表

　　如图 8-11 所示，在"设计"选项卡中，套用一下你喜欢的图表样式。

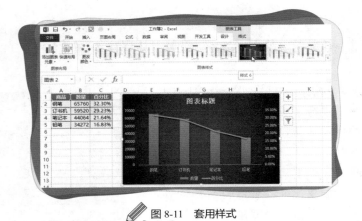

图 8-11　套用样式

知识扩展：

　　在 Excel 2016 中更强大，柏拉图也能一键生成，而且还不需要辅助列统计百分比。

　　如图 8-12 所示，选择区域，切换到"插入"选项卡，单击"插入统计图表"图标，选择"排列图"。

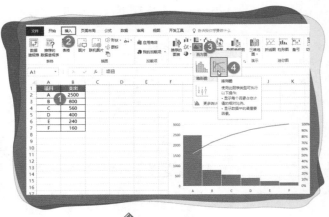

图 8-12　排列图

如图 8-13 所示，可以看出 Excel 2016 还提供了很多类型的图表。

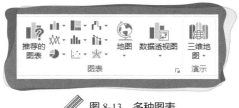

✎ 图 8-13　多种图表

这里再介绍其中一个新图表功能"瀑布图"，其他靠自己摸索。

如图 8-14 所示，选择区域，切换到"插入"选项卡，单击"插入瀑布图或股价图"，选择"瀑布图"。

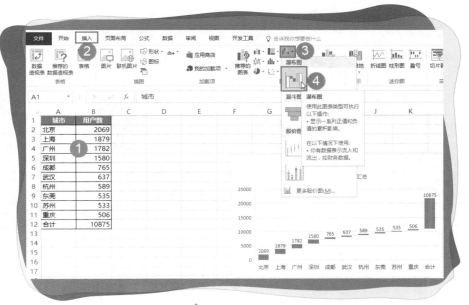

✎ 图 8-14　瀑布图

如图 8-15 所示，双击合计的柱子，弹出"设置数据点格式"对话框，勾选"设置为汇总"复选框。

图 8-15　设置为汇总

课后练习

如图 8-16 所示，根据数据制作出各月份目标跟实际对比图。

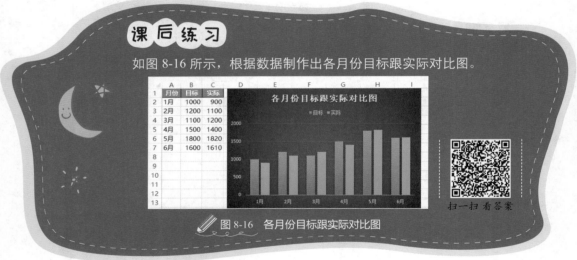

图 8-16　各月份目标跟实际对比图

扫一扫 看答案

Day70　图表中事半功倍的技巧

扫一扫 看视频

木木：如图 8-17 所示，现在数据增加了一个 7 月，除了重新创建一个图表以外，还有其他更便捷的方法吗？

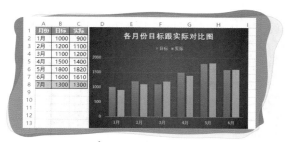

图 8-17　新增加数据

卢子：不需要这样，只需更改一下区域就可以了。

如图 8-18 所示，单击图表边缘处，就可以看到图表选择的区域用五颜六色标示出来。

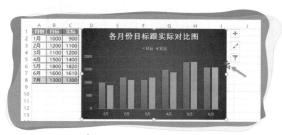

图 8-18　单击图表边缘处

如图 8-19 所示，在区域用鼠标指针拖动更新范围，即可将 7 月份数据显示在图表上。

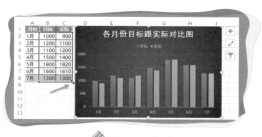

图 8-19　拖动 1

如图 8-20 所示，如果只是想看 1 月到 5 月的数据，也可以这样拖动。

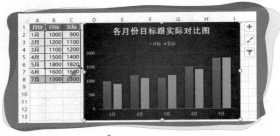

图 8-20 拖动 2

如图 8-21 所示，如果只想看实际的 1 月到 7 月的数据，也可以借助拖动实现。

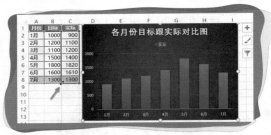

图 8-21 拖动 3

木木：这个拖动方法实在太好用了，省去了重新插入图表和美化图表的时间。

知识扩展：

如图 8-22 所示，这是插入图表默认的样式，如何转换成我们已经设置好的样式呢？

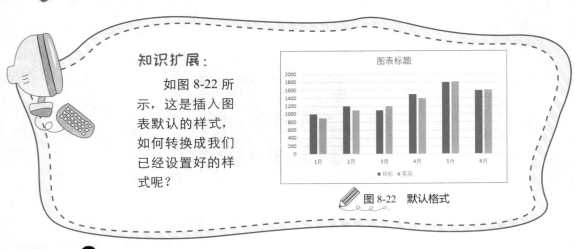

图 8-22 默认格式

通常我们都是直接重新设置，其实大可不必这样。

如图 8-23 所示，选择我们已经设置好的样式的图表，按快捷键 Ctrl+C。

如图 8-24 所示，选中默认样式，依次单击"粘贴"→"选择性粘贴"命令。

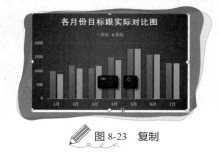

图 8-23　复制

图 8-24　选择性粘贴

如图 8-25 所示，选择"格式"单选项，单击"确定"按钮。

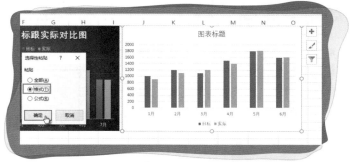

图 8-25　格式

如图 8-26 所示，即可快速将图表格式套用过来。

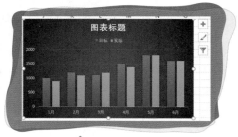

图 8-26　套用格式

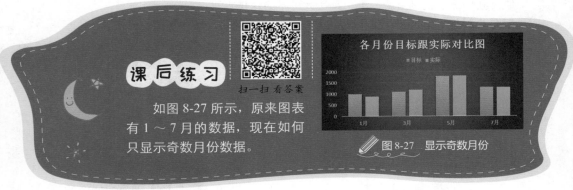

课后练习

扫一扫 看答案

如图 8-27 所示，原来图表有 1 ～ 7 月的数据，现在如何只显示奇数月份数据。

图 8-27　显示奇数月份

扫一扫 看视频

Day71　动态图表简单就好

接上回，增加了 7 月的数据，我们就要将区域拖动一下，如果增加了 8 月的也要拖动一下，再增加 9 月还是要拖动一下，有没有一劳永逸的方法呢？

通过插入表格创建的图表，只要更新区域，图表也会自动更新。

如图 8-28 所示，单击 A1 单元格，切换到"插入"选项卡，单击"表格"图标，保持默认不变，单击"确定"按钮。

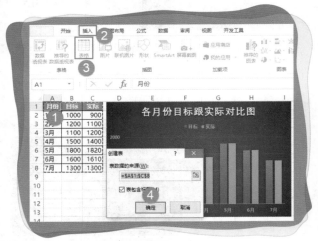

图 8-28　插入表格

如图 8-29 所示，当增加 8 月的数据时，图表也会随着自动更新，而不用鼠标拖动，非常智能。

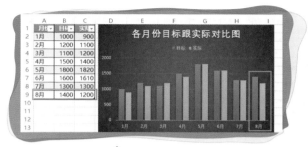

图 8-29 自动更新

其实原理就跟我们用表格创建透视表一样，表格是自动更新区域的。

如图 8-30 所示，通过筛选，图表也会跟着自动更新。

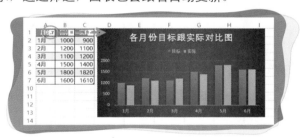

图 8-30 筛选更新

知识扩展：

一般而言，我们进行数据统计都是用数据透视表，通过筛选可以实现图表自动更新。同理，我们可以通过筛选数据透视表实现动态图表。

 Step 01 如图 8-31 所示，选择数据透视表任意单元格，切换到"插入"选项卡，依次单击"柱形图"→"簇状柱形图"命令。

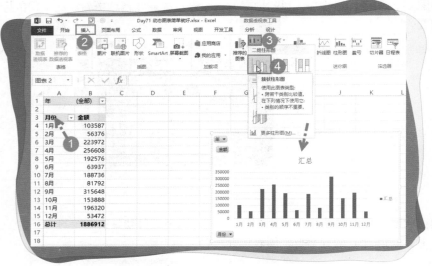

图 8-31　插入柱形图

Step 02 如图 8-32 所示，调整图表位置，在"设计"选项卡中套用"图表样式"。

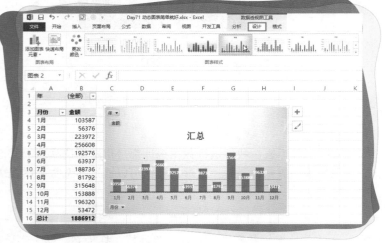

图 8-32　图表样式

Step 03 如图 8-33 所示，为了让图表标题更智能，可直接用公式引用 B1 单元格的内容。

图 8-33　引用标题

如图 8-34 所示，现在只要进行筛选，图表就可实现动态更新。

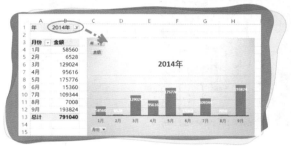

图 8-34　筛选

课后练习

如图 8-35 所示，根据数据源，制作一个可以根据年份动态筛选的图表。

扫一扫 看答案

图 8-35　动态图表

Day72 **制作一份商务图表**

如图 8-36 所示，这是直接套用图表样式的一张图表，不过看起来不是很专业。

专业就是体现在各种细节上面，抛弃默认的图表样式。

如图 8-37 所示，配色对图表相当重要，双击柱子，单击"填充"按钮，选择"其他填充颜色"选项。

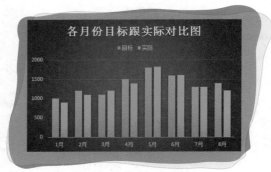
图 8-36　默认图表

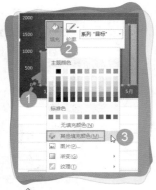
图 8-37　其他填充颜色

具体如何操作呢？如图 8-38 所示，切换到"自定义"选项卡，输入 RGB 数字，单击"确定"按钮。

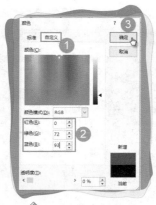
图 8-38　自定义颜色

用同样的方法对图表的各个元素分别设置颜色。

实际的柱子 GRB 值：131，86，233。

图表区的 GRB 值：212，227，234。

绘图区的 GRB 值：157，192，207。

字体设置为黑色。

如图 8-39 所示，设置颜色后效果。

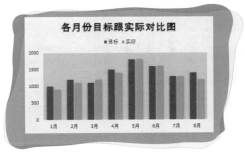

图 8-39　设置颜色后效果

如图 8-40 所示，双击网格线，设置颜色为白色，透明度为 0%，宽度 1.5 磅。

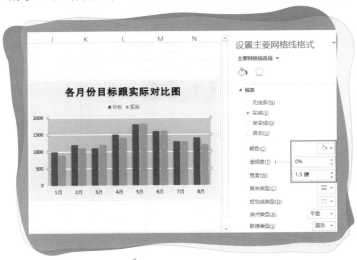

图 8-40　设置网格线

如图 8-41 所示，双击柱子，设置系列重叠为 0%，分类间距为 70%。

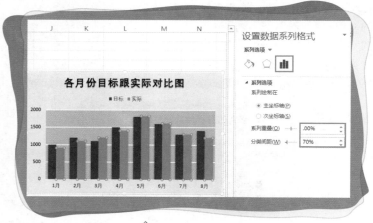

图 8-41　设置系列

如图 8-42 所示，再稍作调整，并添加来源，一份与众不同的图表就展示在你面前了。

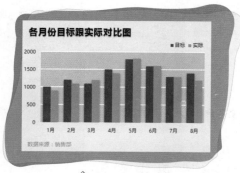

图 8-42　最终效果

知识扩展：

非专业人士要设置好颜色难于上青天，但是我们可以模仿专业人士的作品。从著名的 Logo 提取颜色，或者用常用的软件提取颜色。

　　善于借助方法来提取，无需专业软件，只需人人都有的 QQ 截图足矣。

　　如图 8-43 所示，登录 QQ，借助快捷键 Ctrl+Alt+A 截图，将鼠标指针放在酷狗音乐上面就出现了 RGB，然后记录下来，从各个位置提取到所需颜色，然后运用在自己的图表上面。这样自己的图表配色也会变得非常专业！

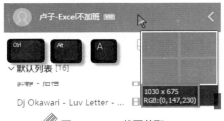

图 8-43　QQ 截图获取 GRB

课后练习

　　如图 8-44 所示，将这份很 LOW 的图表设计成专业的图表，配色从酷狗音乐提取。

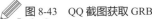

图 8-44　很 LOW 的图表

第 9 章

为你量身定制的
综合案例

课程是 100 天，为什么到这里就结束呢？这就是最大的礼包！

跟卢子一起学 Excel
早做完，不加班

把最后 28 天的内容交给你，由你做主！想知道什么问什么，你来问我来答。

具体如何操作呢？

（1）将你实际工作中的案例发送到邮箱：872245780@qq.com，并详细说明你的需求。

（2）卢子将从这所有问题中挑选出 28 个有代表性的问题，在公众号"Excel 不加班"发布一个为读者们量身打造的 28 天系列。

关注 Excel 不加班

每天进步一点点！